乡村振兴精品教材

高标准农田建设
与粮油作物机械化栽培技术

◎ 王立第　李红梅　商　涛　王连根　王祥宝　主编

中国农业科学技术出版社

图书在版编目(CIP)数据

高标准农田建设与粮油作物机械化栽培技术／王立第等主编. --北京：中国农业科学技术出版社，2023.5
ISBN 978-7-5116-6268-2

Ⅰ.①高… Ⅱ.①王… Ⅲ.①农田基本建设-研究②粮食作物-机械化栽培-研究③油料作物-机械化栽培-研究 Ⅳ.①S28②S318

中国国家版本馆 CIP 数据核字(2023)第 077033 号

责任编辑	白姗姗
责任校对	李向荣
责任印制	姜义伟 王思文

出 版 者	中国农业科学技术出版社
	北京市中关村南大街 12 号 邮编：100081
电 话	(010) 82106638 (编辑室) (010) 82109702 (发行部)
	(010) 82109709 (读者服务部)
网 址	https://castp.caas.cn
经 销 者	各地新华书店
印 刷 者	河北鑫彩博图印刷有限公司
开 本	140 mm×203 mm 1/32
印 张	4.5
字 数	110 千字
版 次	2023 年 5 月第 1 版 2023 年 5 月第 1 次印刷
定 价	39.80 元

《高标准农田建设与粮油作物机械化栽培技术》

编委会

前　言

建设高标准农田，不仅是确保国家粮食安全的根本保障，也是推动农业转型升级和高质量发展的重要途径。能够以耕地质量的提升弥补耕地数量的不足，为国家粮食安全提供根本保障。能够显著提高农业资源利用效率，促进农业可持续发展。

粮油作物机械化生产作为提高农业综合生产能力的核心和关键，是确保重要农产品特别是粮食供给的重要抓手和支撑。推进粮油作物机械化生产，有利于提升农业生产效率，增加复种指数，提升粮油作物产能；有利于降低生产成本，减少化肥农药用量，提高农业效益和市场竞争力；有利于农业发展方式转变，破解农业生产面临的"谁来种地、怎么种地"的难题，提高粮食安全保障能力；有利于提升粮油作物生产效率，降低国内粮油作物生产成本和价格，逐步破解国内外粮食价格"倒挂"难题。

本书对高标准农田建设与粮油作物机械化生产进行了详细的阐述，共 5 章，主要内容包括：高标准农田建设概述、高标准农田工程设计、高标准农田建设实施、农业机械化技术、粮油作物机械化栽培技术等。

本书适用于农田建设者及行政管理人员、项目管理人员，也适用于参与高标准农田建设、管护的新型农业经营主体和其他主体等。

编　者
2023 年 4 月

目　　录

第一章　高标准农田建设概述

高标准农田是指土地平整、集中连片、设施完善、农田配套、土壤肥沃、生态良好、抗灾能力强，与现代农业生产和经营方式相适应的旱涝保收、高产稳产，划定为永久基本农田的耕地。

2019 年 11 月，国务院办公厅印发的《关于切实加强高标准农田建设提升国家粮食安全保障能力的意见》明确提出，到 2022 年，全国建成 10 亿亩（1 亩 ≈ 667m²）高标准农田。2021 年 9 月，农业农村部印发《全国高标准农田建设规划（2021—2030 年）》（以下简称《规划》），《规划》提出，到 2030 年，建成 12 亿亩高标准农田，以此稳定保障 1.2 万亿斤（1 斤 = 500g）以上粮食产能。

建设高标准农田，是巩固和提高粮食生产能力、保障国家粮食安全的关键举措。

第一节　建设高标准农田，全面推进乡村振兴

逐步把永久基本农田全部建成高标准农田，是党中央立足全面建设社会主义现代化国家、着眼全面推进乡村振兴、加快建设农业强国作出的重大部署，明确了耕地保护建设的主攻方向和重大任务。应系统谋划、科学布局，采取有力举措，加快高标准农田建设，为全方位夯实国家粮食安全根基打牢基础。

一、充分认识把永久基本农田全部建成高标准农田的重大意义

保障国家粮食安全的根本在耕地，耕地是粮食生产的命根子，是中华民族永续发展的根基。保耕地不仅要保数量，还要提质量，建设高标准农田是一个重要抓手，需坚定不移抓下去。建设高标准农田，是巩固和提高粮食生产能力、保障国家粮食安全的关键举措。把永久基本农田全部建成高标准农田，对全方位夯实国家粮食安全根基，加快建设农业强国，推进农业农村现代化具有重大意义。

二、全方位夯实粮食安全根基，关键保障在高标准农田

高标准农田是通过工程、农艺等措施改造提升农田质量，达到地块平整、集中连片、设施完善、土壤肥沃、生态良好，且能够旱涝保收、高产稳产的农田，是耕地中的精华，是确保国家粮食安全的关键基础。通过精准补短板、强弱项，优化布局，全面推进高标准农田建设，确保农田必须是良田，以农田质量的有效提升弥补我国耕地数量相对不足的短板，有效破解人多地少缺水的资源瓶颈，确保中国人的饭碗始终牢牢端在自己手中。

三、加快建设农业强国，基础支撑在高标准农田

农业强国首先体现在农产品保供能力强、农业竞争力强、农业生产效率和资源利用效率高。实践表明，通过高标准农田建设，耕地产出能力大幅度提高，粮食产能一般提高 10%~20%；抗灾减灾能力明显增强，旱能浇、涝能排，大灾少减产，小灾不减产，无灾多丰收；资源利用效率显著提升，肥、药、水的利用率一般提高 15%~30%；农业综合效益明显改

善，高标准农田亩均节本增效 500 多元。加快建设农业强国，迫切需要固根基、扬优势，加快把永久基本农田全部建成高标准农田。

四、推进农业农村现代化，重要抓手在高标准农田

耕地是农业最基本的生产资料，建设高标准农田，提升耕地现代化水平，能够有效带动农业机械化、信息化、标准化、专业化，实现以基础设施现代化促进农业农村现代化。从各地实践看，高标准农田的规模化经营比例比一般农田高 30~40 个百分点、机械化水平高 15~20 个百分点、新型经营主体占比高 40 多个百分点。

五、准确把握高标准农田建设的新形势新任务

近年来，各地各部门大力推进高标准农田建设，取得积极进展。截至 2022 年底，全国累计建成 10 亿亩高标准农田，19.18 亿亩耕地超过一半是高标准农田。高标准农田建设进一步夯实了国家粮食安全基础，推动了农业转型升级和现代农业发展，有效提升了农田抗灾减灾能力。在极端气候影响和灾害频发多发的情况下，多年来我国农作物受灾面积年均递减 9%，高标准农田功不可没，为支撑全国粮食产量连续多年稳定在 1.3 万亿斤以上发挥了重要作用。

第二节 建设高标准农田面临的挑战及策略

总体上看，我国农田基础设施依然薄弱，要把永久基本农田全部建成高标准农田，任务十分艰巨。而且，以前按照先易后难顺序开展建设，容易建设的地块优先建成高标准农田，剩余要建设的多是位置偏远、地块零散、高低不平、土壤瘠薄，

建设难度大、成本高，都是难啃的"硬骨头"。同时还应看到，高标准农田建设是重要的农业基础设施建设工程，公益性强，投资需求规模巨大，筹措建设资金面临新挑战。一方面，由于近年来物料和人工成本上涨迅速，加之地块建设难度加大，亩均建成成本不断上升。另一方面，推进农业高质量发展，加快农业农村现代化，对农田基础设施的建设内容、配套水平、工程质量等都提出了新的更高要求，不仅要求田块平整、道路、水利等传统基础设施完备好用耐用，还需要配套水肥一体化、信息化、智能化等现代装备，进一步增加了投资需求。当前，受各级财力制约，高标准农田建设亩均投入水平与实际投资需求相比还有较大差距，在设施综合配套、提升建设质量、提高抗大灾能力、延长工程使用寿命等方面还有很大潜力，迫切需要加强资金保障，提升建设水平。

强化体制机制保障确保建设任务落地。把永久基本农田全部建成高标准农田，需坚持基础设施建设和耕地地力提升并重，坚持新建与改造提升并重，坚持拓展建设规模与提高建设质量并重，坚持工程建设与管护利用并重，优化建设布局，完善建设内容，突出建设重点，加快建设步伐，持续加强政策和资金投入保障。

一、加强组织领导

全面落实粮食安全党政同责，强化农田建设中央统筹、省负总责、市县抓落实、群众参与的工作机制，层层压实责任，统筹抓好规划布局、任务落实、资金保障、监督评价和运营管护等工作。各级农业农村部门应全面履行好农田建设集中统一管理职责，相关部门按照职责分工，密切配合，协同推进高标准农田建设。

二、坚持规划引领

根据《规划》确定的目标任务与永久基本农田全部建成高标准农田新的目标任务，系统谋划制订方案，明确建设思路、区域布局、重点内容、分省任务、进度安排、保障措施等，在 2030 年规划建成 12 亿亩高标准农田的基础上，到 2035 年，通过持续改造提升，全国高标准农田保有量和质量进一步提高，绿色农田、数字农田建设模式进一步普及，支撑粮食生产和重要农产品供给能力进一步提升，形成更高层次、更有效率、更可持续的国家粮食安全保障基础。

三、强化资金保障

突出高标准农田建设基础性公益性，充分发挥财政投入主渠道作用，建立健全农田建设投入稳定增长机制。指导各地优化财政支出结构，将农田建设作为重点事项，合理保障财政资金投入。强化政府投入引导和撬动作用，鼓励金融和社会资本投入高标准农田建设。加大土地出让收入对高标准农田建设的支持力度，完善新增耕地指标调剂收益使用机制，拓展高标准农田建设资金投入渠道。

四、创新机制模式

充分尊重农民意愿，维护农民权益，积极引导广大农民群众、新型农业经营主体等农村集体经济组织和社会资本、金融资本参与高标准农田建设和管护。充分挖掘高标准农田建设的潜在价值，探索公司化、平台化、市场化建设模式，提高建设质量和管理水平。大力推进整区域建设高标准农田试点，率先把有条件的重点市、县、灌区永久基本农田全部建成高标准农田。

五、抓好督查激励

建立健全"定期调度、分析研判、通报约谈、奖优罚劣"的任务落实机制，加强项目日常监管和跟踪指导，强化质量管理，提升建设成效。落实粮食安全党政同责考核要求，加强高标准农田建设评价激励，强化评价结果运用，树立奖优惩劣鲜明导向，确保建设任务落实落地。

第二章 高标准农田工程设计

第一节 田间渠道设计

田间各级渠道的纵横断面设计应满足以下要求：能通过需要的流量，不冲不淤，边坡稳定，土方量尽可能小，渠内水面高程应能控制灌区的地面高程。

一、斗渠以下各级渠道灌溉流量的确定

渠道的流量与灌溉制度、灌溉面积、种植比例、渠道的工作制度有关。支渠以下各级渠道采用轮流供水的制度。最常见的轮灌制度是由支渠同时配水给所分出的一部分斗渠，斗渠同时配水给所分出的一部分农渠等。这种配水方式与农业技术措施容易相互配合，水量损失少，浇地效率高。

二、渠道断面

（一）流速

为了使渠道断面不冲不淤，在渠道中必须保持适当的流速。流速与渠道比降、渠床糙率及水力半径有关。

渠道比降应根据流量大小、泥沙含量及地形选取。流量越大，比降应越缓，以防止冲刷，但也不应过缓，以防止淤积。比降应尽可能与自然地形一致，以节省土方量。斗渠系统的流量一般均小于 $1m^3/s$，对于含沙量为 10%以下的渠系，其比降

可根据地形采用以下数值：斗渠 1/1 000~1/750，农渠 1/1 000~1/500，毛渠 1/750~1/300。渠道流速应控制在 0.4~1.0m/s。

糙率也是影响流速的一个重要因素，其值与流量、断面大小、渠床状况有关。对于斗渠系统，因其流量小，断面小，糙率值较大。养护较好的土渠，当渠底无杂草时，糙率为0.025；养护条件较差的土渠，当渠底有杂草时，糙率可达0.030；对于有混凝土护面的渠道，糙率为 0.015~0.017；对于浆砌块石护面渠道，糙率为 0.025；经过修整的岩石渠道，糙率为 0.025~0.030。

水力半径越大，流速越大；反之，流速越小。

（二）渠道横断面

根据渠线所经地形情况，渠道横断面有挖方、填方、半挖半填 3 种形式。

渠道的边坡视土质与断面形式而异。在陕西省黄土高原地区，斗渠以下各级渠道的内坡多采用 1：1。深挖方渠道平台上部的边坡可采用 （1：0.3）~（1：0.25）。填高（渠底至地面的距离）低于 1m 的填方渠道的边坡采用 1：1；当填高为 1~2m 时，采用 1：1.5。

渠顶宽度在只满足管理及安全要求的情况下，斗渠一般为0.6~1.0m，农渠、毛渠为 0.4~0.5m。若作道路，则其宽度应根据道路要求设计。

超高一般为 0.2~0.5m，流量大者选大值，流量小者选小值。

水深与渠底宽度应根据水力计算确定。宽浅式渠道控制条件好，渠道中流量变化对水位影响小，而窄深式则恰相反，故通常多采用宽浅式渠道。

（三）渠道定线

渠道定线的任务是将选定好的渠道中心线位置，在地面上按一定距离用木桩把它标定出来，作为纵断面高程测量的依据。

定线时，用花杆定直线，用测绳量距离。若地势平坦，渠线短而直，可先在渠首和渠尾各竖立一根花杆作为定线的瞄准点，然后用三点定直线的方法，从渠首开始定线，每隔50m打一个木桩，桩上写上该点离开起点的距离，直至渠尾，这些桩叫作里程桩。若遇到坡度变化较大处或渠道转弯、分渠口和建筑物位置，还必须打加桩，加桩上也要标写桩号。

若遇到渠线较长或地势不平坦地段，在渠首不能看到竖立在渠尾的花杆，此时可在渠线内找一个控制点，先定出渠首到控制点之间的里程桩，然后从控制点开始延长定桩。

渠线里程桩定完后，进行纵断面水准测量，测出各桩的地面高程，以便设计渠道纵断面。

第二节　渠道建筑物

为了控制水量，安全输水，方便交通，在各级渠道上应修建必要的水工建筑物。渠道建筑物按其作用可分为调节建筑物、连接建筑物和交叉建筑物3类。属于调节建筑物的有斗门、农门、毛门、节制闸及各种量水建筑物，属于连接建筑物的有陡坡、跌水、跌井，属于交叉建筑物的有渡槽、倒虹吸、桥梁。按建筑材料可分砖、石建筑物或混凝土建筑物、钢筋混凝土建筑物、钢丝网水泥建筑物。按施工方法分为现场浇筑和预制构件装配两种。有些灌区在进行田间配套工程中，采用土模代替木模板，碎砖代替石子，技术简单，造价低廉，大大加速了农田基本建设的进度，是一种值得推广的好方法。

一、斗门、农门和毛门

斗门是斗渠首部控制并调节引入斗渠流量的建筑物。设在支渠或干渠的渠岸上，一般上、下级渠道成90°分水角引水。

斗门的形式有开敞式和涵管式两种。当上级渠道渠堤不高、斗渠引水流量不大时，采用开敞式；当上一级渠道渠堤较高、斗渠引水流量较大且渠堤兼作道路时，常采用涵管式。由于支渠堤身多作为道路使用，所以涵管式斗门修建得比较多。

涵管式斗门由进口、管身和出口三部分组成。

进口部分有护底、两岸护坡、岸墙和闸门等。为了使水流平顺，两岸护坡多做成圆锥形。

管身按断面形状可分为矩形（直墙盖板）、拱形（直墙顶拱）和圆形（有预制混凝土管、钢筋混凝土管和陶瓷管）3种。

出口部分由护底、岸墙和扭面组成。扭面的作用是使水流平顺地进入渠道。

闸门有平面木闸门、铸铁闸门和钢丝网水泥闸门3种。闸门尺寸通常有60cm×60cm，40cm×40cm和30cm×45cm，分别简称为6寸（1寸≈3.33cm）斗门、4寸斗门和3寸斗门。

农门与毛门的构造和斗门相似，毛门由于通过流量较小，构造上多采用涵管式，进口段不设圆锥形护坡，出口段不设扭面，多采用八字墙连接。

二、节制闸

节制闸主要用来维持斗渠（农渠）上的水位，以确保给农（毛）渠供水，或是轮灌。节制闸往往不单独设置，而是与分门、引门或跌水、桥梁、倒虹吸等建筑物设在一起，构成联合建筑物（闸枢纽）。

节制闸通常都是开敞式的，其构造由护底、侧墙、进口和出口翼墙部分构成。通常不设固定闸门，只在侧墙上留下闸槽，灌溉时用活动木闸门调节水位。

三、量水建筑物

为了正确地执行用水计划，节约水量，实现定量配水，更好地为农业生产服务，在斗渠、农渠、毛渠上均应设置量水建筑物。常见的量水建筑物有以下几种。

（一）斗门、农门、毛门、跌水等量水建筑物

当利用闸门量水时，需事先制定闸门开启度、上下游水位差与流量的关系曲线，以备应用。若利用跌水量水，则应先制定出跌水口上游水深与流量的关系曲线，在应用时，只要已知上游水深便可直接查出流量来。

（二）长方形量水槽

在毛渠和田间沟渠上，使用这种简易量水设备，可以进行粗略测水。

量水槽一般用厚为 2~3cm 的木板制成，长约 1m，顶上用拉木连接，平埋在沟渠中。

四、跌水和陡坡

当地面坡度大于渠底比降时，为了保持渠道的设计比降，避免出现大的挖方和填方，常把渠道分成若干段，用跌水或陡坡连接起来。

水流呈自由抛射形式与下游水位连接的叫跌水。

水流沿斜坡面流动与下游水位连接的叫陡坡。

当渠道通过跌差较小的陡坎地带时，常用直落式跌水。而当跌差较大、地形变化又比较均匀时，多采用陡坡。通常当跌

差在 3m 以内时，修建跌水或陡坡，工程量相差不大，而当跌差大于 3m 时，用陡坡较单级跌水经济，近几年来各地采用陡坡较多。

（一）跌水

跌水通常是用石料和混凝土砌筑而成的。它由进口连接段、跌水口、胸墙、消力池和出口连接段组成。

为了在通过不同流量时，跌水口上不致产生过大的降水或壅水现象，跌水口常修成缺口形状，缺口有矩形和梯形两种，且梯形比矩形好。

胸墙是一种挡土墙，可修成直立式和斜坡式［下游坡（1:1）～（1:0.5）］。顶宽一般为 0.4m。

消力池的作用是消除跌水射流的冲击力。它由底板、跌水壁及侧墙三部分组成。消力池的宽度可稍宽于跌水。水舌宽度、底板厚一般为 30cm。

（二）陡坡

陡坡由上游连接段、进水口、陡槽、消力池、下游连接段组成。在构造和布置上与单级跌水相同，只是用陡槽代替胸墙。陡槽为一急流槽，断面有矩形和梯形两种，底部坡度为（1:5）～（1:3）。底部衬砌厚常采用 30cm，当跌差超过 2m 时，底部衬砌厚采用 50cm。

第三节　渠道土方工程

一、放线

在施工前应根据设计的纵、横断面图放线。步骤如下。

校正中桩位置，根据需要补桩，并复核沿渠基点高程，算出各桩的挖填尺寸和土方量。

根据横断面尺寸放渠道的开口线、坡脚线。

用石灰将各断面的边桩连成直线，则得开口线或坡脚线。为了便于检查质量，在正式开工前可以选择某渠道做出一个典型的挖方、填方或半填半挖渠道的断面，供施工时作标准。

若农渠与斗渠平行或毛渠与农渠平行，则在放斗（农）渠渠线时，应同时将农（毛）渠渠线放出，以便同时施工。

二、挖方工程

断面较大的斗渠应先从中间开挖，两边各让出约 20cm 宽的近似梯形渠槽，达到设计高程后，再按标准断面尺寸削坡。较小的斗渠及农、毛渠道，则先按渠底宽挖成矩形断面，然后按标准尺寸削坡，达到标准断面。弃土应堆放在渠堤宽度 1.0m 以外。

三、填方工程

填方渠段的施工质量对渠系的正常工作影响极大，必须十分注意。对填方工程的质量要求，通常以压实后土壤的干密度来表示。斗渠以下填方渠道，干密度要求达到 $1.4g/cm^3$。蓄水池的土堤防渗层及池底要求不得低于 $1.6g/cm^3$。

第四节　蓄水池

一、蓄水池的形式和构造

蓄水池的形式有 3 种。最简单的蓄水池是在平地上开挖而成，它由四周挡水用的土堤、防渗层、引水建筑和放水建筑及其设备组成。第二种则是将农村的取土壕或天然洼地加深，并将其一边或数边用土坝封堵而成。第三种则当引含有泥沙渠水入蓄水池时，为了沉淀泥沙，增加蓄水池的使用寿命，常利用坡地修建成子母库。子库存沙，母库存清水。子库由土坝或土堤、引水建筑物、放水建筑物、冲沙孔等组成。冲沙孔的作用是在清淤子库时排沙。

二、引水建筑物和放水建筑物

自渠道向蓄水池引水时需建引水建筑物，一般由节制闸、进水闸、陡坡式或斜管式跌水组成。陡坡（斜管）的坡度与池坡相同。在采用陡坡式跌水时，应注意不要使水流冲刷池坡和池底。应在急流槽两边加长衬砌。斜管式跌水的管道埋深应大于 1.5m（由管顶算起），否则需要增加砌护。

放水建筑物根据取水方式而不同。当池低地高时，采用抽水取水，放水建筑物由水泵站、分水池组成。当自流引水灌溉时，则多做成卧管式放水建筑物。

卧管式放水建筑物由卧管与横洞两部分组成。卧管是一个靠着池坡的方形管道，坡度为（1:2）~（1:1.5），在其上每隔一定高度修建一个圆形的放水孔。平时用木塞或钢筋混凝土塞盖住，灌溉时首先开启最上部一级放水孔的塞子，灌溉水即自放水孔流入卧管，经消力池通过横洞送入渠道。随着池中水位下降，再逐步开启第二级、第三级的放水孔。为了防止放水时卧管发生真空，在其上端设有通气孔。横洞埋在土坝之中，可采用方形或圆形，坡度为 1/200~1/100，其出口处设消力池，以防冲刷。

第三章　高标准农田建设实施

第一节　农田土地平整

土地平整工程由田块整平、田坎修筑、表土剥离及移土培肥工程等内容组成，其工程是介于工程措施与农业措施之间。土地平整可保证进入田间的灌溉水和降水充分渗入，减少流失和深层渗漏，提高灌溉质量（均匀度），缩短灌水时间，实现降低灌溉定额，提高水利用率。

一、工程布局

1. 土地平整工程布局

根据项目建设类型、地形条件及土壤状况等自然地理因素、社会经济发展情况以及现代化农业建设要求和农业耕作习惯，因地制宜地确定土地平整区域、平整田块布局和规格、土地平整形式等。土地平整工程应与灌溉排水、田间道路、农田防护等工程布局相衔接、协调。

2. 灌溉与排水工程布局

根据水源及排水特点、地形条件、基础设施现状、田块形态，因地制宜地采取相应的灌溉与排水措施进行系统配置。

3. 田间道路工程布局

根据农业生产和生活的需要，结合农田水利工程中的渠系布置，并考虑当地农业机械作业的要求，进行以田间道、生产路为主要内容的田间道路系统配置。

4. 农田保护与生态环境保持工程布局

根据地形、气候条件、土壤条件、风害程度及农田防护的要求，按因地制宜、因害设防的原则营造农田保护与生态环境保持工程。

二、土地平整工程技术指标

土地平整是最常规的节水农业措施，分为旱地土地平整、水浇地土地平整、水田土地平整等，但主要还是用于灌溉农田的水浇地与水田上。按平整后的田块类型划分为条田、梯田和台田。平原地区宜修建条田，山丘地区宜修建梯田，具备条件的煤矿塌陷地、盐碱地和涝洼地等宜修建台田。黄泛平原区条田适宜长度为 400~800m，宽度为 160~300m。滨海平原区条田适宜长度为 300~600m，宽度为 100~200m。山前平原区条田适宜长度为 400~600m，宽度为 100~200m。在土层较厚地区，地形坡度为 1°~5°时，适宜田面宽度为 30~40m；地形坡度为 5°~10°时，适宜田面宽度为 20~30m；地形坡度为 10°~15°时，适宜田面宽度为 15~20m；地形坡度为 15°~20°时，适宜田面宽度为 10~15m。在煤矿塌陷地及盐碱涝洼地区，台田适宜长度为 70~80m，宽度为 25~35m。根据地下水临界深度与塘底高程的关系及土质特点，原地面一般下挖 1.6~2.2m，抬高地面 1.5~2m，为保持台田稳定性，台面四周应筑地埂，地埂坡度宜为 35°~45°，高度宜为 0.3m，顶宽宜为 0.3~0.4m。土地平整后耕作田面坡度和田块局部起伏高差应满足水流推进或灌水均匀的要求。沟畦灌溉的水浇地田面纵坡方向应与水流方向一致，纵坡坡度应根据土壤通透性和畦长不同而定，以 1/500~1/200 为宜。田面不宜有横向坡度，纵坡斜面上局部起伏高差应在±3cm之内，相邻畦田横向高差也应在±3cm之内。灌溉水田田面应平整，田面高差应在±3cm之内。

在进行条田、梯田和台田修建时，平整土地范围内的表土层必须进行剥离，一般剥离30cm。在下层土壤平整后，将表土层覆盖。

三、配套工程建设指标

1. 灌溉保证率

以地表水为水源的渠道灌区地面灌溉保证率要达到50%，以地下水为水源的灌区地面灌溉保证率要达到75%，灌溉水田灌溉保证率要达到80%~85%。

2. 排涝标准

排涝标准采用暴雨重现期5~10年，暴雨排除时间为：旱作区暴雨，从作物受淹起1~3d排至田面无积水；水稻区暴雨，从作物受淹起3~5d排至耐淹水深。盐渍化区返盐季节地下水位深度，沙壤土和轻壤土地下水深度要大于2.6m，中壤土大于2m，重壤土大于1.5m。

3. 田间道路与林带

机耕路路宽应达到3~6m，生产路路宽应达到2~3m。农田排水沟及田间道路旁宜两侧或一侧植树1~2行，应选择表现良好的乡土品种和适合当地条件的配置方式。

第二节　土壤改良

要让土壤发挥最大效用，就要去了解自己耕作的土壤有哪些缺点或者限制作物生长的因素，再加以改善这些缺点和消除不利因素，使成为肥沃的土壤。从认识土壤到了解缺失因素，从保育到增加土壤肥力，都是确保作物增产及品质的基础。

一、增施有机肥

增施有机肥是提高土壤性状的根本措施，增施有机肥后，使耕作层里水、肥、气、热、菌等因素得到协调统一，不仅为作物根系、茎叶生长创造一个温度、湿度适宜和肥料齐全的优良环境，更能有效地改良土壤性状。

二、土壤消毒

土壤消毒是一种保护土地免受害虫侵害的方法，它通过向土壤中施用农药来杀灭病菌和虫卵，从而达到给土壤消毒的目的。这种消毒方法一般在农作物播种前使用，除了使用化学农药消毒外，还可以用干热或者蒸汽来消毒。

土壤消毒的方法有两种，一种是物理方式，如日光暴晒消毒、蒸汽消毒、水煮消毒、火烧消毒等，都属于高温消毒。另一种是化学方式，即使用农药消毒，可使用的药剂有甲醛、硫黄粉、石灰粉、多菌灵粉剂等。

三、科学轮作

种植时，每年土壤上的作物尽量保证不连作，要实行不同科属蔬菜品种的合理轮作，也可以根据作物的生长特性、营养需求等进行分类。如将需氮较多的叶菜类、需磷较多的果菜类和需钾较多的茎菜类进行轮作；将深根性的豆类、瓜类、茄果类，同浅根性的白菜、甘蓝、黄瓜、葱蒜类等进行轮作，既可充分利用土壤中不同土层中的养分，还能改良土壤，减少土壤中病菌和有害物质的数量，防止对作物产生危害。

四、施用生物菌肥

蔬菜经过长时间的连作种植，土壤中的有害微生物积累，而有益微生物减少，当施用生物菌肥后，可以使土壤中的有益微生物增加，能起到改良土壤的作用。

五、合理浇水

在种植过程中不能大水浇灌，这样会破坏土壤的结构，不利于作物的生长，易沤根腐烂，引发病虫害等。因此在种植过程中应小水滴灌，滴灌可保护土壤，因为滴灌慢慢地浸润土壤，避免了大水冲刷，不会使土壤过于疏松，从而减少对土壤耕层的破坏。

第三节 灌溉和排水

一、田间工程节水

田间工程通常是指农田灌溉排水系统中最末一级固定灌溉渠道与固定排水沟道之间所包围的田块内部的工程设施。目前，大多数灌区最末一级固定渠道和沟道是农渠与农沟。在非灌区主要是通过集雨工程来提高降水的利用率。田间工程节水包括节省灌溉用水和拦蓄降水两方面内容。本节主要介绍渠道防渗、低压管道输水、集雨补灌等田间工程的节水技术内容。

（一）渠道防渗技术

1. 作用和意义

我国80%以上的渠道没有防渗措施，渠系水的利用系数很低，平均不到0.50，也就是说，从渠首引进的水有50%以上损失掉了。如果我国灌溉渠系水的利用系数提高0.1，则每年可减少灌溉用水量$3.6 \times 10^{10} m^3$。因此，加强渠道防渗可以极大地减少农业灌溉用水浪费问题。

渠道采取防渗措施后，一方面可以提高渠系水的利用系数，缓解农业用水供需矛盾，节约的水还可以扩大灌溉面积，促进农业生产持续发展；另一方面可以减少渠道占地面积，防止渠道冲刷、淤积和坍塌，节约投资和运行管理费用，有利于灌区的管理。此外，还可以降低灌区地下水位，防止土壤盐碱化和沼泽化，有利于生态环境和农业现代化建设。

2. 常见的渠道防渗技术特点

（1）土料防渗特点。土料防渗是我国沿用已久的实践经验丰富的防渗措施，是指以黏性土、黏沙混合土、灰土、三合土和四合土等为材料的防渗措施。由于黏性土料源丰富，可就地取材，并且土料防渗技术简单、造价低，还可以充分利用现有的碾压机械设备，因而在我国尤其是资金缺乏的中小型渠道上应用较多。土料防渗一般可减少渗漏量的60%~90%。但是，土料防渗的一个缺点是允许流速较低，壤土为0.7m/s，黏土、黏沙混合土、灰土、三合土和四合土的允许流速较高，为0.75~1m/s，因而仅能用于流速较低的渠道。土料防渗的另一个缺点是抗冻性较差，多年冻融的反复作用会使防渗层疏松、剥蚀，从而失去防渗性能，因而土料防渗仅适用于气候温暖的无冻害地区。

（2）水泥土防渗特点。水泥土为土料、水泥和水拌和而成的材料，主要是靠水泥与土料的胶结与硬化，强度类似混凝土。根据施工方法的不同，水泥土分为干硬性和塑性两种。水泥土料源丰富，可以就地取材，技术较简单，投资少，造价较低，还可以利用现有的拌和机、碾压机等施工设备。水泥土防渗较土料防渗效果要好，一般可以减少渗漏量的80%~90%，水泥土防渗的主要缺点是水泥土早期的强度及抗冻性较差，因而适用于气候温和的无冻害地区。

（3）砌石防渗特点。砌石防渗是我国采用最早、应用较广泛的渠道防渗措施，按材料和砌筑方法有干砌卵石、干砌块石、浆砌料石、浆砌块石、浆砌石板等多种，按结构类型有护面式、挡土墙式两种。砌石防渗具有抗冲流速大、耐磨能力强、防冻抗冻能力强以及较强的稳定渠道的特点，因而在提高水资源利用率、稳定渠道和保证输水安全、防冻防冲等方面均发挥了很大的作用。但是砌石防渗由于不容易采用机械化施工，施工质量较难控制，而且砌石防渗一般厚度大、方量多、用工较多，故其造价不一定低于混凝土等材料的防渗。在实际施工中，是否采用应以防渗效果好、耐久性强和造价低为原则，通过技术经济论证后确定。

（4）膜料防渗特点。膜料防渗就是用不透水的土工膜来减少和防止渠道渗漏损失的一种技术措施。土工膜是一种薄型、连续、柔软的防渗材料，具有防渗性能好、适应变形能力强、耐腐蚀性强、施工简便、工期短、造价低等优点。实践表明，膜料防渗一般可以减少渗漏量的 90%~95%，不仅适用于各种不同形状的渠道，而且适用于可能发生沉陷和位移的渠道，每平方米膜料防渗的造价为混凝土的 1/10~1/5，为砂浆卵石防渗的 1/10~1/4。经过精心施工、高质量的铺砌，防渗膜料耐久性能够确保其达到工程经济使用年限。

膜料防渗多采用填埋式，其结构包括膜料防渗层、过渡层和保护层。膜料的种类很多，按防渗材料分，有聚乙烯、聚氯乙烯、聚丙烯、聚烯烃等塑料类膜料，异丁烯橡胶、氯丁橡胶等合成塑胶类膜料，沥青和环氧树脂类。按加强材料的组合方式分，有施工现场直接喷射的直喷式土工膜和塑料薄膜，用土工织物作集材，将不加强的土工膜或聚合物用人工或机械方法将两者合成的复合型土工膜。我国目前使用的以聚乙烯为主，这种材料品质好，价格较低，薄膜厚度一般为 0.15~0.2mm，颜色以黑色、棕色为好。

（5）混凝土防渗特点。混凝土防渗是目前广泛采用的一种渠道防渗技术措施，用混凝土衬砌渠道，防止和减少渗漏损失，具有防渗效果好、耐久性好、糙率小、允许流速大、强度高、便于管理、适应性广泛的特点。混凝土防渗能减少渗漏损失的 90%~95% 甚至更多。在正常情况下，能使用 50 年以上。混凝土防渗渠道的糙率为 0.014~0.017，允许流速一般为 3~5m/s，能防止动植物穿透或其他外力的破坏，便于养护管理和节省管理费用。混凝土具有良好的模塑性，可根据设计要求制成各种形状和不同大小的结构或建筑物，还可以根据工程的不同要求，通过选择原材料、调整混凝土的配合比以及采取各种生产工艺，制成各种性能的混凝土。无论渠道大小、工程条件如何，一般均可采用混凝土防渗。但是混凝土衬砌板适应变化的能力差，在缺乏砂石料的地区造价较高。

混凝土防渗所采用的结构有板型、槽型、管型。板型结构有素混凝土、钢筋混凝土和预应力钢筋混凝土板等，其截面形状有等厚板、楔形板、肋梁板、门型和空心等。槽型结构有铺砌式，将混凝土或钢筋混凝土槽铺砌在挖好的基槽内，将槽架设在支架上。

（6）沥青混凝土防渗特点。沥青混凝土防渗是以沥青为胶结剂，与矿粉、矿物骨料经过加热、拌和、压实而成的防渗材料，具有防渗效果好、适应变形能力强、抗老化、造价低、容易修补等优点。沥青混凝土具有适当的柔性和黏附性，能适应较大的变形，如发生裂缝有自愈能力，具有适应渠基土冻胀而不裂缝的能力，防冻害能力强。沥青混凝土虽然为黑色有机材料，存在老化问题，但老化并不严重，其防渗工程耐久性较好，一般可以使用30年，其造价仅为水泥混凝土防渗的70%。由于沥青混凝土是随温度高低而变化的黏弹性材料，发生裂缝的概率较低，即使发生了，修补时仅将其裂缝处加热后用锤子击打，使裂缝弥合即可。

沥青混凝土防渗虽具有以上诸多优点，但其推广应用得较慢，料源不足是主要原因之一。沥青混凝土主要由石油沥青拌制而成，而我国的石油工业尚不能满足生产上的需要，加之我国生产的石油沥青多为含蜡沥青，其性能不能满足水工沥青的需要。施工工艺要求严格也是一个主要原因，沥青混凝土的加热、拌和等工艺要求在高温下进行。较薄的沥青混凝土防渗层还存在植物穿透的问题，因此对渠基土壤要求做灭草处理。

（二）低压管道输水技术

低压管道输水灌溉系统是20世纪90年代在我国迅速发展起来的一种节水节能型的新式地面灌溉系统。它利用低耗能机泵或由地形落差所提供的自然压力水头将灌溉水加低压，然后再通过低压管道网输配水到农田进行灌溉，以充分满足作物的需水要求。因此，在输配水上，它是以低压管网来代替明渠输配水系统的一种农田水利工程形式，而在田间灌水上，通常采用畦灌、沟灌等地面灌水方法。其特点是出水流量大，出水口工作压力较低，管道系统设计工作压力一般低于0.4MPa。

（三）集雨补灌技术

1. 雨水集蓄利用内涵

雨水是旱区农业生产的主要水源，集雨灌溉农业是一种主动抗旱的高效用水方式。发展雨水集蓄，在作物需水关键期补灌的潜力巨大，是解决水土流失和提高旱作生产力的一个结合点，也是旱区发展"小水利"和节水农业的一条新途径。

广义的雨水集蓄利用是指经过一定的人为措施，对自然界中的雨水径流进行干预，使其就地入渗，或集蓄以后加以利用；狭义的雨水集蓄利用则指将通过集流面形成的径流汇集在蓄水设施中再进行利用。雨水集蓄利用中强调了对正常水文循环的人为干预，即通过筑集水场、修引水沟、建水池、建水窖等措施，拦蓄夏秋雨水，再用节水灌溉方式进行灌溉。雨水集蓄利用工程是指采取工程措施对规划区内及周围的降雨进行收集、储存以便作为该地区水源，从而进行调节利用的一种微型水利工程，包括雨水的汇集、存储、净化与利用，一般由集流设施、蓄水设施、净化设施、输水设施及高效利用设施组成。此工程主要适用于地表水、地下水缺乏或者开采利用困难，且平均年降水量大于 250mm 的干旱、半干旱地区或经常发生季节性缺水的湿润、半湿润地区。

2. 雨水集蓄灌溉系统组成

所谓雨水集蓄工程是指在干旱、半干旱及其他缺水地区，将规划区内及周围的降雨进行收集、汇流、存储以便作为该地区水源，并有效利用于节水灌溉的一整套系统，具有投资小、见效快、适合家庭经营等特点。雨水集蓄灌溉工程系统一般由集雨系统、截流系统、蓄水系统和灌溉系统组成。

（1）集雨系统。集雨系统主要是指收集雨水的场地（即集雨场），是雨水集蓄灌溉工程的水源地。选择集雨场时，首先应考虑将具有一定产流面积的地方作为集雨场，在没有天然条件的地方，则需人工修建集雨场。可利用的集雨场主要有公路或田间道路、山坡、耕地等。有条件的地方尽量将集雨场规划在高处，以便能自压灌溉。

（2）截流系统。截流系统是指输水沟（渠）和截流沟，其作用是将集雨场上的雨水汇集起来，引入沉沙池，而后流入蓄水系统。要根据各地的地形条件、防渗材料的种类以及经济条件等，因地制宜地进行规划布置。

利用公路、道路作为集雨场时，截流系统从公路排水沟出口处连接并修建到蓄水系统，或按计算所需的路面长度分段修筑，然后与蓄水系统连接。公路排水沟及输水渠应该进行防渗处理，蓄水季节要注意清除杂物和浮土。利用山坡作截流面时，可在坡面上每隔20~30m沿等高线修建截流沟，截流沟可采用土渠，坡度宜为1/50~1/30，截流沟应连接到输水沟，输水沟宜垂直等高线布置并采用矩形或"U"形混凝土渠，尺寸按集雨流量确定。

（3）蓄水系统。蓄水系统包括储水体及其附属设施，其作用是存储雨水。储水体的形式主要有蓄水池、塘坝、水窖等类型。在水流进入储水体之前，要设置沉淀、过滤设施，以防杂物进入储水体。同时应该在储水体的进水管（渠）上设置闸板，并在适当位置布置排水道。储水体使用的建筑材料主要有砌砖、砌石、现浇混凝土、水泥砂浆、塑料薄膜等。储水体的容积设计要考虑可能收集储存水量的多少、灌溉面积的多少，并结合当地经济条件和投入状况与技术参数全面衡量确定。储水体主要附属设施包括沉沙池、拦污栅、进水暗管（渠）、消力设施等。

（4）灌溉系统。灌溉系统包括首部提水设备、输水管道和田间的灌水器等节水灌溉设备，是实现雨水高效利用的最终措施。由于受到蓄水工程水量、地形条件、灌溉的作物和经济条件的限制，不可能采用传统的地面灌水方法进行灌溉，必须选择适宜的节水灌溉形式。常见的形式有滴灌、渗灌、坐水种、膜下穴灌、细流沟灌、地膜下沟灌及担水点浇等技术，这样才能提高单方集蓄雨水的利用率。对于雨水集蓄灌溉工程，在地形条件允许的情况下，应尽可能实行自流灌溉。

二、地面农田节水灌溉

地面灌溉具有不需要能源、适应性强、投资少、运行费用低、操作和管理方便等特点。所以,地面灌溉仍是世界上特别是发展中国家广泛采用的一种灌水方法。目前采用地面灌溉技术的灌溉面积占全世界总灌溉面积的 90% 以上,我国则有 97% 以上的灌溉面积仍采用地面灌溉技术。近年来,人们在生产实践的基础上,对传统地面灌溉技术进行了研究和改进,提出了节水型地面灌溉技术,如水平畦灌技术、长畦分段灌技术、小畦灌技术、波涌灌技术、地膜覆盖灌水技术等。

(一)水平畦灌技术

水平畦灌技术是指田块纵向和横向两个方向的田面坡度接近于零或为零时的畦田灌水技术。水平畦灌具有灌水均匀、深层渗漏小、方便田间管理、适宜于机械化耕作以及直接应用于冲洗改良盐碱地等优点。

1. 主要特点

(1)畦田田面各方向的坡度都很小(1/3 000 以下)或为零,整个畦田田面可看作是水平田面。所以,水平畦田上的薄层水流在田面上的推进过程将不受畦田田面坡度的影响,而只借助于薄层水流沿畦田流程上水深变化所产生的水流压力向前推进。

(2)通常要求进入水平畦田的总流量很大,以使进入畦田的薄层水流能在很短时间内迅速覆盖整个畦田田面。

(3)进入水平畦田的薄层水流主要以重力作用、静态方式逐渐入渗作物根系土壤区域内,与一般畦灌主要靠动态方式下渗不同,它的水流消退曲线为一条水平直线。

(4)由于水平畦田首末两端地面高差很小或为零,所以,对水平畦田田面的平整程度要求很高。一般情况下，水平畦田不会产生田面泄水流失或出现畦田首端入渗水量不足及畦田末端发生深层渗漏现象，灌水均匀度高。在土壤入渗率较低的条件下，灌溉田间水利用率可达90%以上。

2. 适用范围

水平畦灌适用于各类作物和多种土壤条件，尤其适用于土壤入渗速度较低的黏性土壤。研究表明，应用水平畦田灌溉技术，田间灌溉水利用率可提高到80%，灌溉均匀度提高到85%左右。作物的水分生产率由$1.13kg/m^3$提高到$1.7kg/m^3$。因此，水平畦田灌溉技术的节水增产效益显著。

3. 基本要求

水平畦灌技术对土地平整的要求较高，水平畦田地块必须进行严格平整。利用激光控制的平地铲运机平整工地，其平整后地面平均误差均在±1.5cm以内。根据水平畦田地块原有的平整程度的好坏，可以采用粗平机械和精平机械。此外，由于水平畦灌供水流量大，故在水平畦田进水口处还需要有较完善的防冲保护措施。同时，由于水平畦田宽度较大，为保证沿水平畦田全宽度都能按确定的单宽流量均匀灌水，必须采取与之相适应的田间配水方式、田间配水装置及田间配水技术措施。

（二）长畦分段灌技术

1. 主要特点

小畦灌需要增加田间输水沟和分水、控水装置，畦埂也较多，在实践中推广存在一定的困难。为此，近年来在我国北方旱区出现一种称为长畦分段灌的技术，即将一条长畦分成若干个没有横向畦埂的短畦，采用地面纵向输水沟或塑料薄壁软管将灌溉水输送入畦田，然后自下而上或自上而下依次逐段向短畦内灌水，直至全部短畦灌完为止的灌水技术，称为"长畦分段灌"或"长畦短灌"。长畦分段灌若用输水沟输水和灌水，同一条输水沟第一次灌水时，应由长畦尾端短畦开始自下而上向各个短畦内灌水。第二次灌水时，应由长畦首端开始自上而下向各分段短畦内灌水。输水沟内一般仍可种植作物。

2. 技术要求

长畦分段灌的畦宽可以宽至 5~10m，畦长可以达 200m 以上，一般为 100~400m，但其单宽流量并不增大。这种灌水技术的主要技术要求是：确定适宜的入畦灌水流量、侧向分段开口的间距（即短畦长度与间距）和分段改水时间或改水成数。一般分段畦的面积控制在 0.07~0.1hm^2。

3. 主要优点

长畦分段灌是一种节水型地面灌水技术，它具有以下优点。

（1）节水。长畦分段灌技术可以实现低定额灌水，灌水均匀度高于 85%，与畦田长度相同的常规畦灌技术相比，可省水 40%~60%，田间灌水有效利用率提高 1 倍左右或更多。

（2）省工。灌溉设施占地少，可以省去一至二级田间输水沟渠。

（3）适应性强。与常规畦灌技术相比，可以灵活适应地面坡度、糙率和种植作物的变化，可以采用较小的单宽流量，减少土壤冲刷。

（4）易于推广。该技术操作简单，管理费用低，因而经济实用，容易推广。

（5）便于田间操作。由于田间无横向畦埂或渠沟，方便机耕和采用其他先进的耕作方法，有利于作物增产。

(三) 小畦灌技术

1. 主要特点

小畦灌是我国北方井灌区行之有效的一种节水灌溉技术，主要是指"长畦改短畦，宽畦改窄畦，大畦改小畦"的"三改"畦灌灌水技术。山东、河北、河南等省的一些田园化标准较高的地方，正在逐步推广应用。其优点是灌水流程短，减少了沿畦的长度产生的深层渗漏，因此能节约灌水量，提高灌水均匀度和灌水效率。缺点是灌水单元缩小，整畦时费工。小畦灌就是相对过去长畦、大畦而言，而是根据一些技术指标来确定畦田的长度、宽度，将灌溉土地单元划小。

2. 技术要求

小畦灌技术的畦田宽度：自流灌区为 2~3m，机井提水灌区以 1~2m 为宜。地面坡度为 1/1 000~1/400 时，单宽流量为 2~4.5L/s，灌水定额为 20~45m³/亩。畦田长度：自流灌区以 30~50m 为宜，最长不超过 70m。机井和高扬程提水灌区以 30m 左右为宜。畦埂高度一般为 0.2~0.3m，底宽 0.4m 左右，地头埂和路边埂可适当加宽培厚。

(四) 波涌灌技术

波涌灌是对地面沟（畦）灌水方法的重大发展，又称"涌流灌"或"间歇灌"。它是间歇性地按一定的周期向沟（畦）供水，使水流推进到沟（畦）末端的一种节水型地面灌水新技术。通过几次放水和停水过程，水流在向下游推进的同时，借重力、毛管力等作用渗入土壤，因而一个灌水过程包括几个供水和停水周期，这样田面经过湿—干—湿的交替作用，一方面使湿润段土壤入渗能力降低；另一方面使田面水流运动边界条件发生改变，糙率减小，为后续周期的水流运动创造一个良好的边界条件。这两方面的综合作用使波涌灌具有节水、节能、保肥、水流推进速度快和灌水质量高等优点，并能基本解决长畦（沟）灌水难的问题。

（五）地膜覆盖灌水技术

地膜覆盖灌水技术是在地膜覆盖栽培技术的基础上，结合传统地面灌水沟、畦所发展的一种新型节水灌溉技术。它是在地面上覆膜，通过放苗孔、专用灌水膜孔、膜缝等渗水、湿润土壤的局部灌溉技术，适宜在干旱、半干旱地区应用。地膜覆盖灌水技术包括膜侧灌、膜下灌和膜上灌 3 类灌水方法，并且各种地膜覆盖灌水方法都有不同的特征和适用范围。

1. 膜侧灌

膜侧灌又称"膜侧沟灌"，是指在灌水沟垄背部位铺膜，灌溉水流在膜侧的灌水沟中流动，并通过膜侧入渗到作物根区的土壤内。膜侧沟灌的灌水技术要素与传统的沟灌法相同，适合于垄背窄膜覆盖，一般膜宽为 0.7~0.9m。膜侧灌主要应用于条播作物和蔬菜。该技术虽然能够增加垄背部位种植作物根系土壤的温度和湿度，但灌水均匀度和田间水有效利用率与传统沟灌基本相同，没有多大改进，并且裸沟土壤水分蒸发量较大。

2. 膜下灌

膜下灌可以分为膜下沟灌和膜下滴灌两种。膜下沟灌是将地膜覆盖在灌水沟上，灌溉水流在膜下的灌水沟中流动，以减少土壤水分蒸发。其入沟流量、灌水技术要素、田间水利用率和灌水均匀度与传统的沟灌相同。该技术主要应用于干旱地区的条播作物和保护地蔬菜等。膜下滴灌即把滴灌管铺设在膜下，以减少土壤棵间蒸发，提高水的利用率。该技术更适合于在干旱、半干旱地区应用。

3. 膜上灌

膜上灌是目前应用最广泛的地膜覆盖灌水技术。它是在地膜栽培的基础上，将原来在灌水沟垄背上铺膜改为在灌水沟（畦）内铺膜，灌溉水流在膜上流动，并通过膜孔（放苗孔或专用灌水孔）或膜缝入渗作物根部土壤中的灌水技术。与传统的地面沟（畦）灌相比，膜上灌改善了作物生长的微生态环境，增加了土壤温度，减少了作物棵间蒸发和深层渗漏，土壤不板结、不冲刷，结构疏松，通气性好，可以大大提高灌水均匀度和田间水有效利用率，有利于作物节水增产和品质提高。

三、农田蓄水保墒耕作

传统的蓄水保墒耕作技术主要有深耕蓄墒技术、耙糖保墒技术、镇压保墒和提墒技术、中耕保墒技术等，这些技术在干旱地区、干旱年份的节水、保水效果很明显。通过采用深耕松土、镇压、耙糖保墒、中耕除草等改善土壤结构的耕作方法，可以疏松土壤，加深活土层，增强雨水入渗速度和入渗量，减少降雨径流损失，切断毛细管，减少土壤水分蒸发，使土壤水的利用效率显著提高。根据天然降雨的季节分布情况，为了使降雨最大限度地蓄于"土壤水库"之中，尽量减少农田径流损失，需因地制宜采取适宜的耕作措施。

（一）深耕蓄墒技术

利用大马力机械进行耕作，深耕深度控制在 30~40cm，一般 2~3 年深耕 1 次效果较好，也可以深耕 30cm 并深松10cm，此种方式更易被农民接受。目前，农田耕翻普遍采用旋耕，一般耕翻深度只有 10~15cm，耕层以下是坚实的犁底层。机械深耕、深松能够打破犁底层，加深耕层土壤厚度，增加土壤蓄水量。传统的耕作由于犁底层的存在影响了土壤入渗量，限制了土壤蓄水能力。一般耕作时，水分入渗量只有 5mm/h 左右，1m 土层蓄水量不足 1 350m³/hm²。深耕后的土壤水分入渗量为 7 ～ 8.5mm/h，1m 土层蓄水量可达 1 800m³/hm²。

（二）耙耱保墒技术

耙耱保墒技术主要是碎土、平地，以减少表土层内的大孔隙，减少土壤水分蒸发，达到保墒的目的。早春耙耱保墒或雨后耙耱破除板结，耙耱深度以 3 ～ 5cm 为宜，耙耱灭茬的深度一般为 5 ～ 8cm，但耙茬播种时，第一次耙地深度至少 8 ～ 10cm。若在播种前几天耙耱，其深度不宜超过播种深度，以免因水分丢失过多而影响种子萌发出苗。例如，山东省的降雨一般集中在 6—9 月，10 月秋种时降雨季节已过，此时气温仍较高，土壤蒸发量较大，耕作后如不及时耙耱、碎土保墒，土壤水分会很快蒸发，地面上会形成大量的干土块，将影响秋种质量。休闲地若不耙耱碎土，若冬季无较大的雨雪，将严重影响春播。

（三）镇压保墒和提墒技术

镇压是指碎土及压紧土壤表层，具有保墒和提墒作用。在冬季地冻的时候进行，效果较好。这是因为冬季土壤的坷垃大而多，容易失墒，镇压可以压碎土块，减少土壤表层的大孔隙，减少土壤气体与大气的交流，抑制土壤气态水的损失。当土壤湿度较小，在毛管断裂含水量以下时，土壤水分的损失主要是在土壤内部汽化，通过土壤大孔隙向大气扩散。因此，进行镇压压碎坷垃，堵住大孔隙，可起到保墒作用。

当镇压的主要目的是提墒保苗时，可以在播前或播后进行。土层深翻与播种时间相距较近时，土壤表层的干土层太厚，种子不易播在湿土层中，此时灌溉往往不一定及时，需要镇压使土粒紧密，促使土壤水分上升，有利于提高种子的出苗率。北方冬小麦种植区在初春融冻后进行镇压，可以使土壤沉实，起到保墒、促进分蘖、防止倒伏的良好作用。需要注意的是，镇压需要在地表土层干燥时进行，以免造成土壤的板结。

以山东省桓台县为例，当小麦播种前土壤墒情为一般状况时，可采取镇压提墒、增水保苗的措施。即播种后 1~2d 顺垄踏压、破碎坷垃，减少表层土壤水分蒸发，增加土壤表墒，促使早出苗。此种方式不但省去 1 次跟种水，充分利用土壤水，而且避免了跟种水带来的土壤地湿、地表板结、降低地温的弊病。

（四）中耕保墒技术

作物在生长期内，可采用中耕保墒技术。中耕的主要作用是松土、锄草、切断土壤毛管、防止土壤板结，从而减少水分蒸发，增加降水入渗能力。雨后 2~3d 及时中耕，有利于保墒。对北方冬小麦种植区来讲，早春气温回升快、土壤逐渐解冻，应当抓住时机划锄，切断毛细管水上升，减少土壤水分散失，利于小麦春季生长。

第四节　田间道路

一、田间道路工程规划

田间道路系统规划是根据道路与田间作业需要对各级道路布置形式进行的规划。搞好道路规划，有助于合理组织田间劳作，提高劳动生产率。根据田间道路服务面积与功能不同，可以将其划分为干道、支道、田间道和生产路 4 种。在土地利用工程中主要以田间道和生产路为主要规划内容。

田间道是联系村庄与田块，为货物运输、作业机械向田间转移及为机器加水、加油等生产服务的道路。生产路是指联系田块、通往田间的道路，主要起田间货物运输的作用，为人工田间作业和收获农产品服务。田间道和生产路同农业生产作用过程直接相联系，一般在农地整理的田块规划后进行布设。田间道和生产路规划应有利于灌排、机耕、运输和田间管理，少占耕地。

（一）田间道

田间道是由居民点通往田间的主要道路。除用于运输外，还起田间作业供应线的作用，应能通行农业机械，一般设置宽3~4m。田间道又可分为主要田间道和横向田间道。主要田间道是由农村居民点到各耕作区的道路。它服务于一个或几个耕作田区，如有可能应尽量结合干道、支道布置，在其旁设偏道或直接利用干道、支道；如需另行配置时，应尽量设计成直线，并考虑使其能为大多数田区服务。当同其他田间道路相交时，应采用正交，以方便畜力车转弯。

横向田间道也可称为下地拖拉机道，供拖拉机等农机直接下地作业之用，一般应沿田块的短边布设。在旱作地区，横向田间道也可布设在作业区的中间，沿田块的长边布设，使拖拉机从两边均可进入工作小区以减少空行。在有渠系的地区，要结合渠系布置。

（二）生产路

生产路的规划应根据生产与田间管理工作的实际需要确定。生产路一般设在田块的长边，其主要作用是为下地生产与田间管理工作服务。

二、田间道路工程设计

田间道和生产路同农业生产作业过程直接相联系，一般在农用地利用的田块规划后进行布设。田间道和生产路规划应根据有利于灌排、机耕、运输和田间管理，少占耕地，交叉建筑物少，沟渠边坡稳定等原则来确定。其最大纵坡宜取 6%～8%，最小纵坡一般取 0.3%～0.4%，在多雨区宜取 0.4%～0.5%。平原区和缓丘区弯道半径不小于 20m，山区最小半径宜为 15m，地形复杂地区回头转弯半径一般可采用 12m，梯田田间道的转弯半径应大于 8m。

（一）线路规划设计

1. 田间道

田间道是由居民点通往田间作业的主要道路。除用于运输外，还起到田间作业供应线的作用，应能通行农业机械，一般路基宽为 3～6m。田间道又可分为主要田间道和横向田间道。

主要田间道是由农村居民点到各耕作田区的道路。它服务于一个或几个耕作田区，如有可能应尽量结合干、支道布置，在其旁设偏道或直接利用干、支道；如需另行配置时，应尽量设计成直线，并考虑使其能为大多数田区服务。当同其他田间道相交时，应采用正交，以方便畜力车转弯。

横向田间道也可称为下地拖拉机道，供拖拉机等农业机械作业之用，一般应沿田块的短边布设。在旱作地区，横向田间道也可布设在作业区的中间，沿田块的长边布设，使拖拉机两边均可进入工作小区以减少空行。在有渠系的地区，要结合渠系布置。

（1）田—路—沟—林—渠。这种布置形式可利用挖排水斗沟的土方填筑路基，节省土方量，并且拖拉机机组可以直接下地作业，道路以后也有拓宽的余地。如果横向田间道要穿越农沟，需要在农沟与斗沟连接处埋设涵管或修建桥梁、涵洞等建筑物。埋设涵管时，如果孔径不足，势必影响排水，在雨季田块易积水受淹。在这种情况下，道路位置较低，为避免被淹，必须在路旁修筑良好的截水路沟。如果居民点靠斗沟一侧，可采用该形式。

（2）田—沟—路—渠—林。这种布置形式便于渠沟的维修管理，道路与末级固定沟渠都不相交，但拓展有困难。拖拉机机组进入田间必须跨越排水斗沟，需要修建较多的交叉建筑物。在降水较多的地区，排水斗沟断面较大，若采用这种形式基建投资大。在降水量较小的北方地区，可以采用这种形式。

（3）沟—林—渠—路—田。这样布置形式对于农业机械的田间作业比较有利，而且拓宽比较容易，但田间路要跨过所有的农渠，必须修建较多的交叉建筑物。同时，还要在渠路之间植树两三行或开挖路沟，以便截排渠边渗水，保证路面干燥。

2. 生产路

生产路的规划应根据生产与田间管理工作的实际需要确定。生产路一般设在田块的长边，其主要作用是为下地生产与田间管理工作服务。一般路基宽为 2~4m。

（1）旱田生产路。平原区旱地田块宽度一般为 400~600m，宽的可达 1 000m。在这种情况下，每块田块可设一条生产路。如果田块宽度较小，为 200~300m，可考虑每两块田块设一条生产路，以节约用地。

（2）灌溉区生产路。生产路设置在农沟的外侧，与田块直接相连。在这种情况下，农民下地生产与田间管理工作和运输都很方便。一般适用于生长季节较长、田间管理工作较多，尤其以种植经济作物为主的地区。

生产路设置在农渠与农沟之间。这样可以节省土地，因为农沟与农渠之间有一定间距。田块与农沟直接相连有利于排出地下水与地表径流，同时可以实现两面管理，各管理田块的一半，缩短运输活动距离。一般适用于生产季节短、一年只有一季作物且以经营谷类为主的地区。

3. 梯田的田间道和生产路

梯田的田间道与生产路布局应按照具体地形，采取通梁联峁、沿沟走边的方法布设。田间道多设置在沟边、沟底或山峁的脊梁上，宽2m，转弯半径不小于8m。为防止流水汇集冲毁田坎，沟边的路应修成里低外高的路面，并每隔一段筑一小土埂，将流水引入梯田。

（二）纵断面设计

纵断面设计中纵坡设计是主要方面，设计要结合布线的意图进行综合分析、比较，确定合理的纵坡及坡长。主要技术指标有最大纵坡、最小纵坡、最小坡长及最大坡长等。一般规定干支道的纵坡在平原地区一般应小于6%，在丘陵山区应小于8%，个别大纵坡地段以不超过11%为宜；田间道和生产路最大纵坡宜取6%~8%，最小纵坡以满足雨雪水排除要求为准，一般宜取0.3%~0.4%，多雨地区宜取0.4%~0.5%。

道路纵断面示意图反映了道路中线原地面的起伏情况以及路线设计的纵坡情况。纵断面示意图上主要反映两条线，一是地面线，是根据道路中线上各桩的高程点绘成的一条不规则折线，反映了原地面的起伏变化情况；另一是路面线，是经过技术研究后确定出来的一条具有规则形状的几何线形，反映了道路路线的起伏变化情况。

（三）路基设计

一般常见的路基横断面形式有路堤和路堑两种：高于天然地面的填方路基称为路堤；低于天然地面的挖方路基称为路堑；介于两者之间的称为半填半挖路基。路基应根据其使用要求和当地自然条件（包括地质、水文和材料情况等）并结合施工方法进行设计，既要有足够的强度和稳定性，又要经济合理。

1. 路基宽度与高度

路基宽度为行车路面与路肩宽度之和。一般设计时速为 20km/h。在弯道处，需要考虑弯道加宽等情况。

2. 路基填充材料

沙土：沙土无塑性，具有良好的透水性，遇水后毛细上升高度很小（0.2~0.3m），具有较大的摩擦系数。用沙土筑路基强度高、抗变形能力和水稳定性好，但是由于黏性小易散，对于流水冲刷和风蚀抵抗能力很弱，有条件时应适当掺加一些黏性大的土，或将表面加固，以提高路基的稳定性。

沙性土：含有一定数量的粗颗粒，使之具有一定的强度和水稳性，又含有一定数量的细颗粒，使之具有一定的黏结性，不至过分松散，是修筑路基的良好填料。

粉性土：含有较多的粉土颗粒，干时稍有黏性，遇水很快被湿透，易成稀泥，毛细作用强烈，在季节性冰冻期，水分集聚现象严重，春融期间极易翻浆和冻胀，是最差的筑路材料。

黏性土：黏性土的黏聚力大，透水性大，干燥时坚硬，浸润后不易干燥，强度急剧下降。具有较大的可塑性、黏结性和膨胀性，毛细现象也很显著，干湿循环所引起的体积变化很大。黏性土不是理想的路基材料，当给予充分压实处理并结合良好排水设施时，可作为路基材料。

碎石质土：颗粒较粗、含细粒成分不多时，具有足够的强度、抗变形能力和水稳定性，是修筑路基的良好材料。使用时要注意填方的密实度，以防止由于空隙过大而造成路基积水、不均匀沉降或表面松散。

碎石：透水性很强，水稳定性好，强度高，施工季节不受影响，是最好的路基填筑材料。

（四）路面设计

1. 路面设计标准轴载与路面等级

道路路面设计以双轮组单轴 100kN 为标准轴载。一般情况路面等级为中级或低级，经济发达地区路面等级可适当提高为次高级。

2. 路面结构

路面结构通常是分层铺筑，按各个层次功能的不同，分为面层、基层和垫层。

（1）面层。是直接承受车辆载荷及自然因素影响的表面层。所用材料主要为水泥混凝土、沥青混凝土、沥青碎石混合料、碎（砾）石掺土和不掺土的混合料与块石料。面层在必要时可分为两层或三层铺筑。

（2）基层。主要承受由面层传来的车辆荷载垂直力，并将其扩散到下面的垫层和土基中去。实际上，基层是路面结构中的主要承重层。基层所用的材料主要是由各种结合料（如石灰、水泥或沥青等）或碎（砾）石或工业废渣（主要是粉煤灰）组成的混合料。

（3）垫层。介于土基与基层之间，它的功能是改善土基的湿度和温度状况，以保证面层和基层的强度、刚度和稳定性不受土基水文状况变化所造成的不良影响。同时还能起到扩散应力，减小土基产生的应力和变形，以及阻止路基土挤入基层的作用。垫层一般有两种类型，分别为由砂、砾石、炉渣等组成的透水性垫层和水泥、石灰稳定土组成的稳定类垫层。

路面结构层次，有时一种层次可起到两个层次的作用，但面层和基层是必不可少的。一般公路的基层宽度要比面层每边至少宽出 25cm，垫层宽度也应比基层每边至少宽出 25cm 或与路基同宽，以便排水。根据路面材料和结构性质的不同，各种路面结构层的最小厚度，均不应小于最小稳定厚度。

3. 路面类型

常见的铺筑路面方式有粒料加固土路面、级配路面、泥结碎石路面，要根据就地取材的原则选用。

（1）粒料加固土路面。用当地的砾石、砂、风化碎石、礓石、炉渣、碎砖瓦及贝壳等粒料与当地的黏性土壤掺和以后铺成的路面。用作改善土路的砾石最大尺寸不宜超过4cm，砂的颗粒越粗越好。风化碎石太软的不能使用。炉渣以块状为最佳，炉渣中的炉灰应刷除。碎砖瓦的尺寸不宜太小。小贝壳可直接使用，太粗的需打碎。泥料加固土路面小雨一般能通车，但当大雨后路面变软应禁止通车。

（2）级配路面。用颗粒大小不一的砾石、砂材料逐级填充空隙，并借用黏土的黏结作用，经过压实得到一定密度的路面。其密度大，透水性小，不易松散。应选用粗砂或中砂，如用细砂必须同时采用黏性较大的土，以保证混合料具有规定的塑性指数。

（3）泥结碎石路面。以碎石或轧碎的卵石为骨料，以泥浆为黏结料，经碾压后，以碎石相互嵌固而稳定成型的路面。石料颗粒应多为棱角块体，不得含有其他杂质，其最大粒径不宜超过35~40mm。黏土不得含有腐殖质或其他杂物，用量不宜超过20%（黏土干重与石料干重之比），以灌满为止，土与水的比例一般按1:(1~0.8)为宜。为了防止雨天泥泞及晴天尘土飞扬，并抵抗行车切向力的作用，当要求较高时，一般应加铺磨耗层。磨耗层可采用砾（碎）石混合料，厚度以2~3cm为宜；或采用沙土混合料，厚度以1~1.5cm为宜。

第五节 农田防护和生态环境保护

一、农田防护工程规划

农田防护主要包括生物防护和工程防护两大类。生物防护是通过合理规划，利用植物发达根系的固沙、固土作用以及高大繁茂的秆茎枝叶所起的防护效果，为需要保护的农田生态系统提供一道生物防护屏障。工程防护是根据项目区地形、地质、土壤等特点和建设需要，安排合理的工程建设，如治坡工程、治沟工程、治滩工程等，以改变项目区的局部地形与局部构造，从而达到影响水流方向、保持水土、阻挡风沙、防止盐碱等目的。两种防护措施各有优缺点，一般两者结合实施。

农田防护林是布置在农田四周，以降低风速、阻滞风沙、涵养水源以及改善农田生态小气候等为目的的林网或者林带。农田防护林规划的主要内容包括：林带结构、林带方向、林带间距、林带宽度以及树种的选择与搭配等。

（一）林带结构

林带结构是指田间防护林的类型、宽度、密度、层次和断面形状等的综合，一般采用林带的透风系数作为划分林带结构类型的标准。林带透风系数是指林带背风面林缘 1m 处林带高范围内平均风速与旷野的相应高度范围内平均风速的比值。根据林带透风系数可以将林带结构划分为 3 种类型：紧密型（透风系数＜0.35）、疏透型（0.35＜透风系数＜0.60）和透风型（透风系数＞0.60）。

（1）紧密型结构由乔木、亚乔木和灌木组成，是一种多行宽林带的结构，一般由 3 层树冠组成，上下枝叶稠密，几乎不透风。该结构相对有效，防风距离较短（仅为树高的 10

倍），且风积物易沉积于林带前和林带内，不适宜田间防护林带。

（2）疏透型结构由数行乔木、两侧各配置一行灌木所组成，在乔木和灌木的树干层间有不同程度的透风空隙，林带上下透风均匀，相对有效防风距离较大（为树高的25倍），防风效果较好，且不会在林带内和林缘造成风积物的沉积。因此，该结构适宜风害较为严重地区的农田防护林带。

（3）透风型结构是指由乔木组成不搭配灌木的窄林带结构，一般由单层或两层林冠组成。林冠部分适度透风，而林干部分大量透风，风害较轻地区的防护林可以采用该种结构。

（二）林带方向

农田防护林的方向一般根据项目区的主要风害（5级以上大风，风速不低于8m/s）方向和地形条件来决定。一般要求主林带的方向垂直于主害风方向并沿田块的长边布置，而副林带沿田块短边布置。在地形较为复杂的地区，当主林带无法与主害风方向垂直时，可与主害风方向呈30°夹角布置，最大时夹角不应超过45°，否则严重削弱防风效果。

（三）林带间距

林带间距的确定主要取决于林带的有效防风距离，而林带的有效防风距离与树高呈正比例关系，同时与林带结构密切相关。一般林带的防风距离为树高的20~25倍，最多不超过30倍。因此，林带间距通常以当地树种的成林高度为主要依据，结合林带结构综合确定。

（四）林带宽度

林带宽度一般应在节约用地的基础上，根据当地的环境条件和防风要求加以综合分析确定。林带的防风效果最终以综合防风效能值来表示，即以有效防风距离与平均防风效率的乘积来表示。综合防风效能值越大，林带宽度越合理，防风效果也越好，反之则差。

（五）树种的选择与搭配

选择最适宜当地的土壤、气候和地形条件且成林速度快、枝叶繁茂、不窜根、干形端直、不易使农作物感染病虫害的树种。树种搭配上要注意，同一林带树种只能选择单一的乔木树种，避免混交搭配。

二、治坡工程规划

治坡工程是在坡面上沿等高线开沟、筑埂，修成不同形式的台阶，用于截短坡长、减缓坡度、改变小地形，起到蓄水保土的作用。根据修筑形式、适应条件及适用材料的不同分为：坡地梯田工程、坡地蓄水工程。

（一）坡地梯田工程

在25°以下的坡耕地上，一般应修梯田，包括水平梯田、隔坡梯田和坡式梯田。对坡耕地上土层较厚、当地劳力充裕的地区，尽可能一次性修成水平梯田；对坡耕地土层较薄、当地劳力较少的地区，可以先修筑坡式梯田，经逐年向下方翻耕，减缓田面坡度，逐渐变成水平梯田；在上下相邻两个水平梯田之间，保留一定宽度的原山坡地，可以采用隔坡梯田，平台部分种庄稼，斜坡部分种牧草。

（二）坡地蓄水工程

一般包括截留沟、排水沟、蓄水池、沉沙池和水窖等工程，用于拦蓄地表径流，减缓流速，保护农田，同时还能有助于涌洪涌沙，变害为利。应与梯田及其他保水保土措施统一规划，同步实施，以达到在出现暴雨时能保护梯田区和保护耕作区的安全，保护林草设施的安全。坡地蓄水工程应进行专项总体布局，合理地布设截留沟、排水沟、蓄水池、沉沙池、水窖等。

1. 截留沟

当坡面下部是梯田或林草、上部是坡耕地或荒坡时，应在交界处布设截留沟。如为无设施坡面且坡长很大时，应布设几道截留沟，根据地面坡度、土质和暴雨径流情况具体设计，一般截留沟的间距为 20~30cm。截留沟又分为蓄水型和排水型：蓄水型截留沟基本沿等高线布设；排水型截留沟应与等高线取 1%~2% 的比降，一端应与坡面排水沟相连，并在连接处做好防冲设施。如果截留沟不水平应在沟中每隔 5~10m 修 20~30cm 的小土挡，防止冲刷。在具体设计时截留沟应能防御十年一遇的连续 24h 的最大降水量。

2. 排水沟

排水沟一般布设在坡面截留沟的两端或较低的一端，用于排除截留沟不能容纳的地表径流，其终端连接蓄水池或天然排水道。当排水口的位置在坡角时，排水沟大致与坡面等高线正交布设；当排水口处在坡面上时，排水沟可基本沿等高线或与等高线斜交布设。梯田两边的排水沟一般与坡面等高线正交布设，大致与梯田两边的道路相同。土质的排水沟应分段设置跌水，其纵断面可同梯田区的大断面一致，以每台田面宽为一水平段，以每台田坎高度为一跌水。各种布设应在冲刷严重的地方铺草皮或石方衬砌。

3. 蓄水池

一般布设在坡脚或坡面局部低凹处，应尽量利用高于农田的局部低洼天然地形，以便汇集较大面积的降雨径流，进行自流灌溉和自压喷灌、滴灌。蓄水池的分布与容量应根据坡面径流总量、蓄排总量和修建省工、适用方便的原则，因地制宜地确定。一个坡面的蓄排工程可集中布设一个蓄水池，也可分散布局若干个蓄水池。蓄水池应选在地形有利、岩性良好（无裂缝、暗穴、沙砾层等）、蓄水容量大、工程量小、施工方便的地方，宜深不宜浅圆形为最好；应根据当地地形和总容量，因地制宜地确定蓄水池形状、面积、深度和周边角度。石料衬砌的蓄水池，衬砌中应专设进水口与溢洪口，土质的蓄水池进水口和溢洪口应进行石料衬砌。一般口宽 40～60cm，深40～60cm。

4. 沉沙池

一般布设在蓄水池进水口的上游附近，排水沟（或排水型截留沟）排出的水先进入沉沙池，泥沙沉淀后，再将清水排入蓄水池中。沉沙池可以紧靠蓄水池，也可以与蓄水池保持一定的距离。沉沙池一般为矩形，宽 1～2m，长 2～4m，深1.5～2.0m，要求其宽度为排水沟宽度的两倍，并有适当的深度，以利于水流入池后能缓流沉沙。

5. 水窖

水窖是黄土地区及严重缺水的石质山地的一种蓄水措施，一般布设在村旁、路旁有足够径流来源的地方。窖址应选在有深厚坚实的土层，距沟头、沟边 20m 以上，距大树根 10m 以上的地方，石质山区的水窖应修在不透水的基岩上。水窖分为井式水窖和窖式水窖，一般在来水量不大的路旁修井式水窖，单窖容量为 30～50m³。在路旁有土质坚实的崖坎且要求蓄水量大的地方，修窖式水窖，单窖容量为100～200m³。应根据项目区人口数量、每年的人均需水量、总需水量，扣除其他源可供水量，取当地有代表性的单窖容量算出项目区的修窖数量。

第六节　农田输配电

一、电力工程规划

（一）供配电系统设计原则

在设计中应遵循的一般原则是首先要保证安全要求。导线电缆截面的选择应符合允许载流量和允许电压降的要求（6kV以上线路），且固定敷设年最大负荷利用在 3 000h 以上的路线，其截面应先按经济电流密度选择电缆，并应以短路热稳定进行校验；要进行技术经济比较，择优确定。

（二）供电电压的确定

供电电压主要根据负荷大小、供电距离以及地区电网可能供电的电源电压等因素确定。

（三）配电方式

接线系统可分为无备用系统的接线和有备用系统的接线，其中无备用系统的接线有直接连接的干线式和串联型干线式，有备用系统的接线有双回路放射式、双回路干线式、环式和两端供电式。无备用系统的接线简单、运行方便，易于发现故障；缺点是供电可靠性差，主要用于三级负荷和部分次要的二级负荷供电。

（四）低压配电系统接地方式选择

对于 380V/220V 的低压配电系统，我国广泛采用中性点直接接地的运行方式，引出中性线 N 和保护线 PK。

（五）电力工程规划的主要内容

电力工程规划的内容主要包括合理布设变电站，确定主变容量和电压等级，确定馈线分布、负荷分配以及保护方式等。输、配电和低压线路布设，要与排灌、道路等工程相结合，按机井布局选定电力线走向及路径。规划中，要进行输、配电线输送容量、供电半径和导线截面积计算，其标准要满足电力系统安装与运行规程，保证电能质量和安全运行。井灌变压器要设在负荷中心及接近负荷处，供电半径要满足电压降规定值的要求。当一台变压器负担多口井时，变压器容量要适应送电综合距离的要求，保证电压降限值。

二、输配电工程

（一）架空低压电力线路

架空低压电力线路负荷应结合项目区及农村电力发展规划确定，一般可按5年考虑。线路路径选择应符合下列要求：应与农村发展规划相结合，方便机耕，少占农田；路径短，跨越、转角少，施工、运行维护方便；应避开易受山洪、雨水冲刷的地方，严禁跨越易燃、易爆物的场院和仓库。线路设计的气象条件：应根据当地的气象资料（采用十年一遇的数值）和附近已有线路的运行经验确定当采用架空绝缘电线时，其气象条件应按《架空绝缘配电线路设计技术规程》（DL/T 601—1996）的规定进行校核。输配电的设计应符合《低压配电设计规范》（GB 50054—2011）的规定。

1. 导线选择

农村低压电力网应采用符合《圆线同心绞架空导线》（GB/T 1179—2017）规定的导线。禁止使用单股线、破股（拆股）线和铁线。居民密集的村镇可采用符合《额定电压1kV及以下架空绝缘电缆》（GB/T 12527—2008）规定的架空绝缘电线铝绞线、钢芯铝绞线的强度安全系数不应小于2.5；

架空绝缘电线不应小于3.0。

选择导线截面时应符合下列要求：按允许电压损耗校核时，自配电变压器二次侧出口至线路末端（不包括接户线）的允许电压损耗不大于额定低压配电电压（220V/380V）的7%；导线的最大工作电流，不应大于导线的允许载流量；铝绞线、架空绝缘电线最小截面为25mm^2，也可采用不小于16mm^{2}的钢芯铝绞线。

2. 绝缘子

架空导线应采用与线路额定电压相适应的绝缘子固定，其规程根据导线截面大小选定。绝缘子应采用符合《低压绝缘子瓷件技术条件》（JB/T 10583—2006）、《低压电力线路绝缘子 第1部分：低压架空电力线路绝缘子》（JB/T 10585.1—2006）的电瓷产品。直线杆一般采用针式绝缘子或蝶式绝缘子，耐张杆采用蝶式或线轴绝缘子，也可采用悬式绝缘子中性线，保护中性线应采用与相线相同的绝缘子。

3. 横担及其铁附件

线路横担及其铁附件均应热镀锌或其他先进的防腐措施。镀锌铁横担具体规格应通过计算确定。

（1）直线杆采用角钢时，应不小于50mm×50mm×5mm。

（2）承力杆采用角钢时，2根都应不小于50mm×50mm×5mm。

单横担的组装位置，直线杆应装于受电侧；分支杆、转角杆及终端杆应装于拉线侧。横担组装应平整，端部上下和左右斜扭不得大于20mm。

4. 导线排列、档距及线间距离

导线一般采用水平排列，中性线或保护中性线不应高于相线，如线路附近有建筑物，中性线或保护中性线宜靠近建筑物侧。同一供电区导线的排列相序应统一。路灯线不应高于其他相线、中性线和保护中性线。

线路档距，一般采用下列数值。

（1）铝绞线、钢芯铝绞线。集镇和村庄为 40~50m；田间为 40~60m。

（2）架空绝缘电线。一般为 30~40m，最大不应超过 50m。

铝绞线或钢芯铝绞线水平线间距离：档距 50m 及以下应不小于 0.4m；档距 50~60m 应不小于 0.45m；靠近电杆的两导线间距离，应不小于 0.5m。

（二）低压电力电缆

1. 低压电力电缆选用要求

一般采用聚氯乙烯绝缘电缆或交联聚乙烯绝缘电缆。在有可能遭受损伤的场所，应采用有外护层的铠装电缆；在有可能发生位移的土壤中（沼泽地、流沙、回填土等）敷设电缆时，应采用钢丝铠装电缆。

电缆截面的选择，一般按电缆长期允许载流量和允许电压损耗确定，并考虑环境温度变化、土壤热阻率等影响，以满足最大工作电流作用下的缆芯温度不超过按电缆使用寿命确定的允许值。

农村三相四线制低压供电系统的电力电缆应选用四芯电缆。

2. 敷设电缆时应符合的要求

架空绝缘电线：档距 40m 及以下导线水平间距应不小于 0.3m；档距 40~50m 应不小于 0.35m；靠近电杆的两导线间距应不小于 0.4m。低压线路与高压线路同杆架设时，横担间的垂直距离：直线杆应不小于 1.2m；分支和转角杆应不小于 1.0m。

未经电力企业同意，不得同杆架设广播、电话、有线电视等其他线路。低压线路与弱电线路同杆架设时电力线路应敷设在弱电线路的上方，且架空电力线路的最低导线与弱电线路的最高导线之间的垂直距离，应不小于1.5m。同杆架设的低压多回线路，横担间的垂直距离：直线杆应不小于0.6m；分支杆、转角杆应不小于0.3m。

线路导线每相的过引线、引下线与邻相的过引线、引下线或导线之间的净空距离，应不小于150mm；导线与拉线、电杆间的最小间隙，应不小于50mm。

电杆宜采用符合《环形混凝土电杆》（GB/T 4623—2014）规定的定型产品，杆长宜为8m，梢径为150mm。

（三）配变电装置

配电变压器应选用节能型低损耗变压器，变压器的位置应符合下列要求：靠近负荷中心；避开易爆、易燃、污秽严重及地势低洼地带；高压进线、低压出线方便；便于施工、运行维护。

正常环境下配电变压器宜采用柱上安装或屋顶式安装，新建或改造的非临时用电配电变压器不宜采用露天落地安装方式。经济发达地区也可采用箱式变压器。柱上安装或屋顶安装的配电变压器，其底座距地应不小于2.5m。安装在室外的落地配电变压器，四周应设置安全围栏，围栏高度不低于1.8m，栏条间净距不大于0.1m，围栏距变压器的外廓净距应不小于0.8m，各侧悬挂"有电危险，严禁入内"的警告牌。变压器底座基础应高于当地最大洪水位，应不低于0.3m。安装在室内的配电变压器，室内应有良好的自然通风。可燃油油浸变压器室的耐火等级应为一级。

低压电力网的布局应与农村发展规划相结合，一般采用放射式供电，供电半径一般不大于500m。供电电压偏差应满足的要求：380V为±7%；220V为-10%~7%。

· 50 ·

第四章　农业机械化技术

第一节　节水机械化灌溉技术

一、微灌技术

微灌是通过低压管道系统将灌溉水和含有化肥或农药的水溶液输送到田内，然后通过灌水器变成细小的水流或水滴，直接送到作物根区附近，均匀、适量地灌于作物根部土壤中的灌水方法。微灌包括滴灌、微喷灌、小管出流灌等，它是当今世界上用水量最省、灌水质量最好的现代灌溉技术。微灌主要用于果树、蔬菜、花卉及其他经济作物的灌溉。

（一）微灌的特点

1. 优点

（1）省水。微灌系统由管道输水，渗漏和蒸发损失很少；微灌属于局部灌溉，灌水时只湿润作物根部附近的部分土壤，灌水流量小，不易发生深层渗漏。因此，一般比地面灌溉节水30%~50%，比喷灌节水15%~25%。

（2）灌水均匀。微灌系统能有效地控制每个灌水器的出水量，灌水均匀度高，一般可达80%~90%。

（3）增产。微灌能适时适量地向作物根区供水供肥，不破坏土壤结构，湿润区土壤水、热、气、养分状况良好，为作物生长提供了良好的条件，因此，能提高作物的产量和质量。实践表明，微灌较其他灌水方法一般可增产30%左右。

（4）对土壤和地形的适应性强。微灌可根据土壤情况调节灌水速度，使其不产生地面径流或深层渗漏。由于微灌是管道输水，因此适应各种地形条件。

（5）节能。微灌工作压力很低，一般为50～150kPa，比喷灌低；又因微灌比地面灌溉省水，灌水利用率高，减少了能耗。

（6）节省劳动力和耕地。微灌系统不需平整土地，不需修筑田间渠、畦等，还可实现自动控制，因此可节省劳动力和少占耕地。

2. 缺点

（1）易于堵塞。因灌水器出水孔很小，极易堵塞，灌水器的堵塞是微灌应用中最主要的问题，严重时会使整个系统无法正常工作。

（2）有可能限制根系的发展。由于微灌只湿润部分土壤，加之作物根系有向水性，这样就会引起作物根系集中向湿润区生长。

（3）造价一般较高。微灌需要大量设备、管材、灌水器，所以造价较高。

（二）微灌系统的分类

微灌常按选用灌水器的不同进行分类，可分为以下几种类型。

1. 滴灌

滴灌是通过滴头将水一滴一滴均匀而缓慢地滴在作物根区土壤中进行局部灌溉的灌水形式。它是目前干旱缺水地区最有效的一种节水灌溉方式，其水的利用率可达95%。

按管道的固定程度，滴灌可分为固定式、半固定式和移动式 3 种形式。固定式滴灌，其各级管道和滴头的位置在灌溉季节是固定的，其优点是操作简便、省工、省时、灌水效率高、效果好，但设备利用率低，投资比半固定式、移动式高。半固定式滴灌，其干、支管在灌溉季节是固定的，而毛管和滴头是可移动的。移动式滴灌，其各级管道和滴头在灌溉季节均是可移动的，其特点是设备利用率高，投资省，但用工较多。

2. 微喷灌

微喷灌是利用微喷头将水喷洒在土壤或作物表面进行局部灌溉。它是新发展起来的一种灌溉形式，与喷管相比，具有工作压力低，节省设备投资和能源，可结合施肥、提高肥效等优点；与滴灌相比，大大降低了堵塞的可能性。

3. 小管出流灌

小管出流灌溉是利用 $\varphi 4$ 的小塑料管与毛管连接作为灌水器，以细流（射流）状局部湿润作物附近土壤，小管灌水器的流量为 80～250L/h。对于高大果树通常围绕树干修一渗水小沟，以分散水流，均匀湿润果树周围土壤。

二、喷灌技术

喷灌是通过有压管道系统将具有一定压力的水送至田间，再通过喷头喷射到空中，散成细小的水滴，像天然降雨一样落到地面湿润土壤的灌水方法。

（一）喷灌的特点

1. 优点

（1）灌水均匀，灌水量省。喷灌灌水均匀度可达 80%～90%，喷灌因管道输水，灌水过程中不产生深层渗漏，水的利用率一般可达 60%～85%，与地面灌溉相比较，一般可节水

20%~30%。

（2）增产。喷灌灌水及时，能有效地调节土壤水分，使土壤水、肥、气、热状况良好，并能调节田间小气候，防止或减少灾害性天气对作物的影响，有利于作物生长，一般可增产10%~20%。

（3）适应性强。喷灌适用于任何地形条件和土壤条件，如地面高低不平、沙性土壤、不适合地面灌溉的田块，均可采用喷灌。

（4）省地、省工。喷灌节省了田间渠系占地，可提高土地利用率7%~10%，喷灌自动化程度比较高，不需进行土地平整，可比地面灌溉节省一半左右的劳动力。

2. 缺点

（1）灌水质量受风的影响大。在多风的季节，由于风的影响，灌水均匀度大大降低，水的漂移损失大，水的利用系数和灌水均匀度降低。

（2）喷灌需要一定的设备和管材，投资较多。

（3）喷灌系统需要较高的工作压力，因此耗能较大。

（二）喷灌系统的类型

喷灌系统类型很多，按系统获得压力的方式可分为机压喷灌系统和自压喷灌系统；按系统设备的组成可分为管道式喷灌系统和机组式喷灌系统；按系统中主要组成部分的可移动程度分为固定式、移动式和半固定式3种。下面就固定式、移动式和半固定式展开介绍。

1. 固定式喷灌系统

除喷头外，其他各部分在灌溉季节甚至常年都是固定不动的，这种喷灌系统称为固定式喷灌系统。其具有使用操作方便，易于管理，生产效率高，工程占地少，节省劳动力等优点，但是，工程投资大，设备利用率低。一般在灌水次数多的作物和地形比较复杂的情况下采用。

2. 移动式喷灌系统

组成喷灌系统的各部分在灌溉季节均是可移动的，这种喷灌系统称为移动式喷灌系统。移动式喷灌系统设备的利用率高，投资省，但管理、劳动强度大。适合在灌水次数少、地形较平坦的情况下采用。若将移动部分安装在一起，省去干、支管，构成一个整体称为喷灌机。

3. 半固定式喷灌系统

水泵及动力设备、干管是固定的，支管、竖管和喷头是可移动的，这种喷灌系统称为半固定式喷灌系统。其特点是设备利用率较高，投资较省，操作较方便。

三、低压管道输水灌溉技术

低压管道输水灌溉技术是以管道输水进行地面灌溉的工程，管道系统工作压力一般不超过 0.2MPa。低压管道输水灌溉技术是 20 世纪 80 年代为解决北方水资源短缺在我国发展起来的，截至 2020 年底，全国喷灌、微灌管道输水灌溉面积已达 3.5 亿亩。

（一）低压管道输水灌溉技术的特点

1. 优点

（1）节水节能。管道输水可以减少渗漏和蒸发损失，其输水过程水的利用率可达 90%~95%，比土渠输水提高一倍。管道输水因输水时间缩短，减少了灌溉过程中能量消耗。试验表明，管道输水比土渠输水节水 30%左右，节能 20%~30%。

（2）省地省工。以管道代替土渠，一般可减少占地 2%~4%，管道输水速度快，浇地效率高，一般灌溉效率提高一倍，用工减少一半以上。

（3）增产。管道输水改善了田间灌水条件，有利于适时适量灌溉，因此，能有效地满足作物需水要求，提高作物产量。

（4）适应性较强。管道输水能满足灌区微地形及局部高地农作物的灌溉，而且能适应农村产业结构调整的要求。

2. 缺点

低压管道输水灌溉技术与微灌、喷灌相比较，水量浪费仍较大。与地面灌溉相比较，投资较高。

（二）低压管道输水灌溉系统类型

1. 固定式

固定式管道输水系统的机泵和管道系统均是固定的。其特点是投资大，但运行方便，节省劳动力。

2. 半固定式

半固定式管道输水系统的机泵、干管是固定的，支管、毛管是可移动的。灌水时，通过埋设在地下的固定管道将水输送到出水口，再通过地面移动软管送入灌水沟、畦。

3. 移动式

移动式管道输水系统，除水源外，机泵和管道均是可移动的。其特点是一次性投资小，但管理不方便。

四、地膜覆盖灌水技术

地膜覆盖灌水技术，是在地膜覆盖栽培技术的基础上，结合传统地面灌水沟、畦灌溉所发展的新式节水型灌水技术。我国地膜覆盖栽培技术于1979年由日本引进，现已在北方大面积推广应用，尤其干旱地区的棉花、蔬菜、药材等经济作物的种植都基本采用了地膜覆盖栽培技术。

（一）地膜覆盖灌水技术的类型

地膜覆盖灌水技术形式多种多样，根据水流与地膜的相对位置可分为膜上灌、膜侧灌和膜下灌。

1. 膜上灌

膜上灌是指灌溉水流在膜上流动，通过膜孔或膜缝渗入作物根部土壤中的灌水方法，它是目前推广应用最普遍的地膜覆盖灌水技术。膜上灌又分为膜孔灌、膜缝灌等。

膜孔灌是目前采用最多的一种形式，其技术要素主要有入膜流量、改水成数、开孔率、膜孔布置形式和灌水历时。入膜流量大小主要根据沟（畦）宽度、土壤质地、地面坡度和单位长度膜孔入渗强度等确定；改水成数根据地面坡度而定，一般坡度较平坦的膜孔沟（畦）灌改水成数为1，地面坡度较大时，改水成数为 0.8~0.95；开孔率、膜孔布置形式与土壤性质、作物种植情况有关，膜孔畦灌，对轻质土地膜打双排孔，重质土地膜打单排孔。据新疆部分地区试验，当地面坡度在1‰时，对黏土和壤土，膜畦长度为 20~25m，畦宽为 1m 时，开 10~15 个灌水孔，膜畦流量控制在 1.5L/s，改水成数为1。畦宽为 2m 时，膜畦流量控制在 2~3L/s。

膜缝灌又分膜缝沟灌和膜缝畦灌。膜缝沟灌是在沟底两膜之间留有 2~4cm 的窄缝，通过膜缝和放苗孔向作物供水，沟长一般为 50m。膜缝畦灌是在畦田田面上铺两幅地膜，两幅地膜间留有 2~4cm 的窄缝，水流在膜上流动，通过膜缝和放苗孔渗入土壤，入膜流量一般为 3~5L/s，畦长 30~50m，要求土地平整。

2. 膜侧灌

膜侧灌是指在灌水沟垄背部位铺膜，灌溉水流在膜侧的灌水沟中流动，并通过膜侧入渗作物根系区的土壤中。膜侧灌主要用于条播作物和蔬菜。

3. 膜下灌

膜下灌是将地膜覆盖在灌水沟上，灌溉水在膜下的灌水沟中流动，以减少土壤水分蒸发。膜下灌主要适用于干旱地区的条播作物。

(二) 地膜覆盖灌水技术的特点

与传统地面灌溉相比较，地膜覆盖灌水技术主要有以下优点。

1. 节水

地膜覆盖灌水技术因减少了作物棵间蒸发和深层渗漏，尤其是膜上灌，只湿润局部土壤，因此比传统的地面灌溉节水。根据对膜孔灌试验研究和其他膜上灌技术的调查分析，一般可节水 30%~50%，节水效果显著。

2. 灌水质量较高

以膜上灌为例，在灌水均匀度方面，膜上灌不仅可以提高沿沟（畦）长度方向的灌水均匀度，同时可提高沟（畦）横断面方向上的灌水均匀度；在土壤结构方面，由于膜上灌水流在地膜上流动或存蓄，不会冲刷膜下土壤，也不会破坏土壤结构。

3. 增产

地膜覆盖灌水技术改变了传统的农业栽培技术和耕作方式，改善了田间土壤水、肥、气、热等作物生态环境，地膜覆盖对作物生态环境的影响主要表现在地膜的增湿热效应。据观测，采用地膜覆盖可以使作物苗期地温平均提高，从而促进了作物根系对养分的吸收和作物的生长发育。膜上灌不破坏土壤结构，又减少了深层渗漏和土壤肥料的流失，因此，可使作物增产。通过新疆部分地区试验，在同样条件下，膜上灌棉花比传统沟灌增产 5% 以上。

第二节 粮油作物机收减损技术

机械化收获相比人工收获在提高效率、减少损失、保证粮食安全方面具有绝对的优势，但机械化收获环节的损失问题也不容忽视。

一、标准要求

标准是衡量机收损失的根本依据。根据《全喂入联合收割机 技术条件》（JB/T 5117—2017）要求，全喂入小麦联合收割机收获总损失率≤1.2%、籽粒破损率≤1.0%、含杂率≤2.0%。依据农业行业标准《玉米收获机作业质量》（NY/T 1355—2007）、国家标准《玉米收获机械》（GB/T 21962—2020），玉米机收作业质量要求如下：在标准条件下，玉米果穗收获机作业质量：总损失率≤3.5%，籽粒破碎率≤0.8%，苞叶剥净率≥85%，果穗含杂率≤1.0%；玉米籽粒收获机作业质量：总损失率≤4.0%，籽粒破碎率≤5.0%，籽粒含杂率≤2.5%。

二、机收损失的主要来源

从试验鉴定的角度看，目前主流品牌的小麦和玉米收获机械在作业性能的损失率控制方面基本不存在问题，机收损失的主要来源还是在于机具的使用方面，主要与以下两个方面有关。

1. 作业前机具检查调试

收获机械在作业过程中发生故障一般都会导致粮食损失，所以作业前要做好充分的保养与调试，预防和减少作业过程中故障的发生。作业前，依据产品使用说明书对收获机械进行全面检查与保养，进行空载试运转，检查机器各部分装置功能是否正常。

2. 收获过程中减少机收损失

作业过程中，应能根据自然条件和作物条件适时对机具关键工作部件的工作参数进行调整，选择合理的作业速度、作业行走路线、收割幅宽，使收获机械保持良好的工作状态，减少机收损失。但实际情况显示，驾驶员的素养是参差不齐的，很多驾驶员都是处在为他人收获挣收获费的经营模式下，收获时往往以"快"为第一原则，尽可能地采用高挡作业，而不考虑作业条件，更甚者采用行走挡作业。

三、对策

总体来说，机收损失与作物品种、种植模式、生产农艺、作物生长环境、收获时间、农机使用、地形地貌等多种因素相关，减少机收损失是个系统工程，就农机方面提出以下 3 点建议。

（一）强化装备升级

从技术与装备的角度解决问题，是最有力、最行之有效的途径，也是农机化工作的意义所在。农机部门应大力鼓励与支持新技术、新装备的研发、推广和使用。粮油作物收获机械在机收减损方面的技术水平提升的方向如下。

（1）关键作业部位工作参数半自动、自动调整系统的研发、配置。

（2）损失率、含杂率、破碎率等实时监测系统的研发、配置，这两者的实现能使驾驶员根据监测装置提示的相关指标、曲线，在驾驶机械作业时适时调整机器的作业状态参数，得到并保持低损失率、低含杂率、低破碎率的较理想的作业状态。先进系统的实现依赖于收获机械产品整体技术水平的提高。农机装备技术升级路线是机械化—电气化—自动化—智能化，目前国产粮油作物收获机械产品除一线品牌的高端产品基本实现电气化外，大多数尚处在机械化—电气化过渡状态。农机化政策应加强对高技术水平农机产品的支持，引导企业提高收获机械技术水平，促进农机产品更好更快升级。

（二）强化培训、宣传和管理服务

（1）强化驾驶员培训工作，建立健全包含农机企业、社会组织等广泛参与的针对驾驶员培训体系，确保驾驶员应经过培训，掌握作物品种、作物含水率、种植模式、收割地形等方面的农艺知识，掌握收割机的正确使用、维护保养知识以及作业质量标准要求。

（2）强化农户的宣传教育，基层农机部门深入田间地头，做好宣传指导服务，使农户认识到粮食收获损失不仅关乎个人利益，也关系国家粮食安全。对于农户与作业驾驶员就机收损失存在不一致意见的情况，应能提供仲裁服务，加强对驾驶员作业质量的监督管理。

（三）强化老旧机具淘汰

积极稳步推进《农业机械报废更新补贴实施指导意见》的贯彻落实，进一步加大老旧收获机械淘汰力度，加快先进适用收获机械推广应用。同时，为保证从政治和全局的高度做好粮食作物机收减损工作，可以适当加强对粮油作物收获机械报废更新的支持力度。

第五章 粮油作物机械化栽培技术

第一节 小 麦

一、机械化种植技术

(一) 保证整地质量

首先, 要把握好土壤墒情。一般小麦种子发芽所需水分是自身质量的 45% 左右, 水分不足直接影响小麦的出苗率, 从而影响其产量。播种过程中, 沙土含水量低于 15%、壤土含水量小于 17%、黏土含水量小于 23% 时, 均要及时浇足底墒水。反之, 如果土壤中的含水量大于上述标准, 则要进行晾墒处理, 以保证土壤墒情保持最佳状态, 旋耕整地过程中可实现化肥匀施、种子匀播、耕种一体化的生产目标。传统耕种模式中, 采用化肥行沟播撒的方法, 易出现烧苗问题; 而机械播种, 则采用无垄栽培的均匀种植, 提高播种技术的科学性、均匀性。

其次, 做好秸秆还田。机械化粉碎秸秆时, 要对还田秸秆至少进行 2 遍以上的粉碎处理, 保证还田秸秆中 10cm 以下的碎秸秆在 95% 以上, 茬高在 5cm 以内, 防止漏切。

最后, 完成秸秆粉碎还田时要尽量多施播有机肥。根据测土配方要求合理施播氮、磷、钾肥或复合肥, 满足小麦的生长需求。

（二）机械条播

采用条播机，按当地农艺要求的行距、播深与播量，在经过深松、碎秆、灭茬、旋耕等机械化耕地处理后的田块上进行小麦条播作业的方法。

机械条播的特点主要有：一是可减轻农民劳动强度，节约成本，时间短，进度快，能抓住最佳秋播时间，利于小麦生长。二是播种均匀。机械条播可进行播量调整，根据地力水平和品种特性，实行定量播种，避免过稀或过密现象，达到合理密植。三是播种成行。可有效增强田间通风透光性，优化田间小气候，有利于小麦生长发育，个体与群体协调，表现为小麦分蘖力增强，群体生长旺盛，有效穗提高，穗粒数增多，产量增加。目前，我国大部分地区采取机械条播的方式进行小麦播种。机械条播根据不同地区小麦生长习性，可分窄行条播、宽带条播、宽窄行条播等不同形式。

（三）机械穴播

采用穴播机，按当地农艺要求规定的行距、穴距、播深，在经过深松、碎秆、灭茬、旋耕等机械化耕地处理后的田块上将小麦种子定点播入种穴的方法。

机械穴播节省种子，减少出苗后的间苗管理环节，在半干旱地区能充分利用水肥条件，提高种子的出苗率等。目前，我国年降水量300~600mm的半干旱、半湿润偏旱地区，尤其在川水地、高寒阴湿地区，多采用机械穴播，并且与地膜覆盖相结合进行小麦播种。小麦穴播采取小窝疏株密植的方式，即采用10cm×20cm或13.3cm×16.7cm的穴行距，每亩在3万穴以上。具体做法有撬窝点播、连窝点播、条沟点播等。穴播时，应注意以下三点：一是精细整地，使耕作层深浅一致。二是施足肥料，与地膜技术结合播种时，小麦一般不追施化肥，因此播前要结合整地一次性施入有机肥和氮、磷、钾肥，防止后期脱肥。三是适时适量播种。常规播种前 2~3d，可用小麦穴播机进行播种。播种时要注意匀速行走，防止过快、过慢而影响播种质量。

（四）机械精播

采用精播机，以确定数量的种子，按照要求的行距和粒距将种子准确地播入土中的方法，属于穴播的高级形式。

机械精播的特点主要有：一是节省种子，播量减少，仅为传统播量的一半。二是种子在行内分布均匀，减少间苗工作量。三是较传统条播的行距大。机械精播依据播种株距不同，可分为全株距播种和半株距播种。全株距播种是下种粒数和保苗数相等的播种方法，适用于土壤水肥条件好、所用种子纯度高、发芽率高（98%以上）、病虫害防治效果较好的地块。半株距播种是下种粒数为保苗数的 2 倍，即 2 穴中间加 1 穴的播种方法，这种播种方法使储备苗数增加 1 倍。如发生缺苗可采用前后借苗的办法补足，此法保苗率高，适用于种子纯度一般、土壤条件一般的地块。

（五）机械免耕播种

采用免耕播种机，在前茬作物收获后田块不进行耕翻，地表具有残茬、秸秆或枯草覆盖物的情况下，对土壤进行局部松土播种的方法。它是一种少耕或免耕的方法，因此又称免耕法、少耕法等。

机械免耕播种的特点主要有：一是降低生产成本，减少能耗，减轻对土壤的压实和破坏。二是可减轻风蚀、水蚀和土壤水分的蒸发与流失。三是节约农时，增加土地的复种指数。根据气候环境和土地情况的不同，有些地区在机械免耕播种时，可用圆盘耙或松土除草机，在收获后或播种前进行表土耕作，以代替犁耕，或每隔两三年采用铧式犁或凿式犁深耕 1 次。

（六）机械旋耕播种

采用旋耕条播机，一次性完成旋耕整地、施肥播种、覆土及镇压等多项作业的方法。旋耕播种属于联合播种技术，近几年在生产中得到广泛应用，是未来机械种植技术发展的方向。

机械旋耕播种的特点主要有：一次性完成多种工序，为减少作业次数、节本增效、争抢农时、减少拖拉机进地次数提供保障，且作业质量好，播后地表平整，播深一致。机械旋耕播种不仅解决了南方水田地区黏重土壤的碎土难问题，而且为北方一年两熟地区抢农时提供了作业机具保证。

二、机械化田间管理方法

（一）镇压

主要是使用镇压器镇压。小麦镇压分两个阶段。

1. 播种后镇压

主要是压碎土块、压紧耕作层、平整土地，利于保墒，保证出苗率，为小麦提供良好的生长环境。一般与播种同时进行，或在播后 1~2d、地表出现干旱时进行。

2. 小麦返青至起身期镇压

对旺长麦田及土壤疏松麦田进行镇压，通过人为损伤地上部分叶蘖来抑制主茎和大蘖的生长，促进小麦控旺转壮、提墒节水和防止倒伏。旺苗重压，弱苗轻压。

（二）中耕

中耕是在作物生长过程中，利用中耕机械进行表土的除草、松土和培土等工作，以疏松地表、消灭杂草、蓄水保墒、改善作物的生长环境。间苗和追肥一般也结合中耕进行。

旱地作物中耕一般在苗期和封行前进行，一季作物中耕3~4次，如果作物生育期长、封行短、田间杂草多，可适当增加中耕次数。中耕深度遵循"浅—深—浅"原则，作物苗期中耕应浅且可增加中耕次数，生育中期加深中耕深度，生育后期以浅耕为宜。

（三）追肥

"庄稼一枝花，全靠肥当家"。粮食增产很大程度上得益于科学施肥，即利用施肥机械将肥料按一定比例聚集在作物根系、叶面附近而被高效率吸收。小麦施肥分3个时期。

1. 重施基肥

播种前结合土壤耕作施用肥料，将肥撒施地表后，立即深耕。

2. 少施种肥

播种时施于种子附近或与种子混合施用。

3. 巧施追肥

施追肥的时间一般在返青至拔节期，墒情、苗情差、土壤肥力差的地块，一般配合灌溉适当早追；墒情、苗情好，没有出现"脱肥"现象的地块，适当晚追。另外，还可以进行根外施肥，如叶面喷施。

（四）植保

小麦在生长过程中，经常会遭受到病虫草为害，造成减产甚至绝收。病虫草害防治是稳产高产的保证。常用方法是化学防治，即利用植保机械喷施化学药剂来消灭病虫草害，具有操作简单、防治效果好、生产效率高、受地域和季节影响小等优点。

小麦除草时间因冬、春小麦不同而有差异。

1. 冬小麦

除草时间分为播后苗前土壤处理和苗后茎叶处理施药两个时期。主要采用返青后茎叶施药，正常年份麦田冬前杂草出苗90%以上，杂草处于幼苗期，是化学除草的最佳时期。

2. 春小麦

除草时间分为播前处理、播后苗前土壤处理和苗后茎叶处理施药3个时期。主要采用苗后茎叶施药，5月中旬绝大部分杂草已出苗，为防治最佳时期。

小麦病虫害防治主要是返青至拔节期和孕穗期。

（五）灌溉

灌溉是指利用灌溉机械，有计划地将水输送到田间，以补充麦田水分，促使稳产高产。灌溉主要有以下3个阶段。

1. 冬季灌水

主要为了抵抗冻害，保苗过冬。

2. 春季灌水

主要为了抗旱，按照干旱程度先重后轻、先弱苗后壮苗的原则予以灌水。

3. 抽穗到成熟期灌水

主要为了防治干旱，保根保叶，防止早衰。

（六）田间管理作业注意事项

1. 机械镇压

镇压器应选择适当，不可过轻或过重。镇压器与动力机械应可靠稳固连接。土壤过湿、有霜冻、盐碱涝洼地、已拔节麦田等均不应镇压。作业时，行走速度要均匀，土壤要压实。

2. 机械中耕

根据除草、起垄、深松等不同中耕目的，选装不同部件。

根据作业时间、苗情调整好中耕部件入土深度。工作部件要边走边下落入土，完全出土后方可转弯。行间中耕时，中耕路线应与播种路线相符，中耕机组行距应与播种机组的行距配套、行数相符或是播种行数的整数倍。中耕机组的轮距应与作物行距相适应，工作时要求行走轮走行间，轮缘距秧苗不宜小于10cm。作业中驾驶员应熟悉行走路线，避免错行造成伤苗和铲苗，避免倒车。机组行走速度不宜过快，防止锄铲抛土力量过大，造成埋苗。中耕锄铲要保持锋利。

3. 机械追肥

作业前按照作物生长需求、当地农艺要求来选择肥料品种及施肥工艺，以充分发挥化肥肥效。操作驾驶员应经过技术培训，熟知中耕施肥、灌水施肥的作业要点，并掌握机具操作使用技术，按要求调整机具并排除机具作业中出现的故障。作业前应检查机具技术状况，重点检查各连接部件是否紧固，润滑状态是否良好，转动部分是否灵活。调整施肥量、深度和宽度，以满足当地农艺要求。确定好施肥量后，机具先进行作业试验，观察实际施肥效果，待调整满足要求后再开始正常作业。

4. 机械植保

根据防治对象和喷雾作业要求，正确选择喷雾器（机）类型、喷头种类和喷雾机尺寸。大田防治病虫害时一般选用液力式喷雾机，圆锥喷头。除草时选用喷杆式喷雾机，扇形喷头。作业前应检查机具，确保各部分流畅不漏，开关灵活，雾化良好。根据当地农艺要求，确定喷雾量，并调整确定机具作业速度等。检查完成后进行试喷，查看机具能否正常作业，待调整满足要求后开始作业。

5. 机械灌溉

根据小麦品种、栽培模式、产量目标和当地水源情况，在满足小麦不同生长期需水量基础上，确定选择灌溉技术。根据当地自然条件、地形、土壤、经济状况等，拟定灌溉方法及计算灌溉用水量等。选择确定水泵和动力机的类型、数量及两者之间的合理匹配，确定电力供应保证。管路及附件本着经济、实用、安全的原则合理选定。确定的灌水量，不宜过多或过少。灌溉作业前应检查水泵、轴承、皮带等部件，检查有无漏水现象。检查完毕后应进行试灌，待调整满足要求后开始作业。

三、机械化收获技术

收获机械化是小麦生产机械化的主要环节。根据各地自然条件、农艺条件、经济状况和人们的技术水平不同，小麦机械收获方式通常有两种：一种是联合收获方式，另一种是分段收获方式。无论哪一种收获方式，与传统的人工收获方式相比，既可以大大提高劳动生产率、减轻劳动强度，又可以抢农时，确保丰产丰收。

（一）联合收获

联合收获是采用联合收割机一次性完成小麦的收割、脱粒、清选、籽粒收集等项作业的收获方式。联合收割机的通用性较好，能自行开道，机动灵活性好，转换作业地块方便，劳动生产率高。

（二）分段收获

分段收获是一种使用割晒机将小麦割倒，并将其摊铺在留茬上，成为穗尾搭接的禾条，经晾晒后，由带拾拾器的小麦联合收割机捡拾收获或直接运送到场地上用脱粒机进行脱粒的收获方式。与人工收割相比，用割晒机和场上作业机械分别完成小麦的收割、脱粒以及清选等项作业，生产效率极大提高，籽粒损失率明显降低，可大大减少人工投入，降低劳动强度。

目前，我国小麦收获主要采用机械化联合收获方式。

四、收获作业注意事项

（一）机械准备

1. 收获季节开始前做好联合收割机的检查

（1）经过长期贮存的联合收割机，重新启用之前要依据产品使用说明书进行一次全面检查。主要内容包括以下 7 项。

①检查调节各传动链条、传动皮带的张紧度，调节安全离合器弹簧压力。

②检查各传动箱、液压油箱内油品质量，如已变质，应彻底更换。

③检查蓄电池并充足电，检查发电机、仪表、灯光、警报等电气设备工作是否正常。

④检查各油箱、冷却液的加注量，按润滑图向各工作部位加注润滑脂。

⑤检查割刀、筛片是否齐全，更换损坏的刀片或筛片。

⑥检查并紧固已松动的螺栓、螺母。

⑦检查消防设备是否齐全有效。

上述工作完成后需进行试运转操作，检查行走、转向、收割、输送、脱粒、清选、卸粮等机构工作是否正常，检查有无异常响声和三漏情况。

（2）新购置或大修后的联合收割机，在投入作业前必须按照使用说明书的要求进行磨合试运转，经磨合试运转并调试到最佳作业状态后，方可投入作业。

2. 作业期间的检查

（1）日常检查内容各操纵装置功能是否正常，发动机机油、燃油、冷却液是否加到量，履带是否有松动损伤，或轮胎气压是否正常。仪表板上各指示灯、转速表工作是否正常，重要部位的螺栓、螺母有无松动，有无漏水、渗漏油现象。分禾器、扶禾器、拨禾轮、割台、机架等部件有无变形等，以免机器带病作业。

（2）随车装备检查出车前，仔细检查是否配备刀片、铆钉、易损皮带等常用配件，以及皮尺、扳手、钳子、锤子、镰刀、铁锹、毛刷等常用工具，是否随车携带机器使用技术资料及有关证件。大面积收割时，还需检查是否配备足够油料。

3. 人员及设备准备

自走式联合收割机一般需要 2~3 名驾驶员，并配备 3~5 名辅助人员，便于大面积连续作业。检查并封堵运粮车厢板各结合面的间隙，间隙过大容易漏麦子。为防止运输车辆不足，应准备足够的棚布和麻袋。提前合理安排好作业计划，减少田间调头和转移次数，计划的好坏会直接影响作业量和经济效益。

4. 正式作业前的试割

作业前，要对联合收割机做好试运转，确保各部分工作部件运转正常。试割时，发动机应保持额定转速，以低速收割作业 10~20m。在停止收割后，发动机仍应保持大油门运转 10~20s，确认已割的作物全部通过机器脱粒清选系统后再停机。检查粮箱内收获粮食的清洁度（或含杂情况）、籽粒破碎情况、排草口作物脱净情况、排杂口籽粒清选损失情况、割茬高度等是否满足要求，否则需对联合收割机继续进行检查和调整。同时，还应检查联合收割机各主要部件紧固情况，各润滑部位（轴承）温度、声音是否正常，各传动带或传动链条张紧度是否正确等。对发现的异常进行处理后，还需按上述步骤进行试割，直到符合要求方可投入正常作业。

（二）适时收获

1. 选择作物的适宜收获期

采用联合收割机收获小麦宜在蜡熟末期至完熟期进行，此时产量最高，籽粒营养品质和加工品质也最好。小麦成熟期主要特征：蜡熟中期下部叶片干黄，茎秆有弹性，籽粒转黄色，饱满而湿润，籽粒含水率25%~30%。蜡熟末期植株变黄，仅叶鞘茎部略带绿色，茎秆仍有弹性，籽粒黄色稍硬，内含物呈蜡状，含水率20%~25%。完熟期叶片枯黄，籽粒变硬，呈品种本色，含水率在20%以下。收获过早，籽粒灌浆不充分，产量低，品质差；收获过晚，易落粒、掉穗，遇雨易穗上发芽或籽粒霉烂，降低产量，影响品质。

2. 选择收获时机

收获时，要根据当时的天气情况、小麦品种特性和栽培条件，合理安排收割顺序，做到因地制宜、适时抢收，确保颗粒归仓。大面积收割应适当早收，留种用的麦田宜在完熟期收获。如遇雨季临近或急需抢种下茬作物时，应适当提前收获，确保丰产丰收。

第二节 玉 米

一、玉米耕整地机械化技术

（一）耕整地机械化技术发展概况与发展趋势

耕整地机械化包括耕地机械化和整地机械化两大部分。

耕地是农业耕作中最基本的作业。其主要目的是通过土垡翻耕，将压实板结的表层土壤连同地表杂草、残茬、虫卵、草籽、绿肥或厩肥等一起埋到沟底，起到松碎土壤、改善土壤结构、消灭杂草和病虫害、提高土壤肥力的作用，为作物生长创造良好的土壤条件。在干旱和水土流失严重的地区，对农田实行免耕、少耕，用作物秸秆覆盖地表，减少风蚀、水蚀，提高土壤肥力和抗旱能力。

　　整地作业包括耙地、平地和镇压。其目的是对耕后土壤作进一步加工，使表层土壤细碎疏松，地表平整，为播种和移栽作业准备良好条件。

　　目前耕地常用的机具有铧式犁、旋耕机、旋耕联合作业机、耕耙犁、圆盘犁、深松机等。铧式犁是历史最悠久、曾经数量最多、应用最为广泛的耕地机械，它具有良好的翻垡覆盖性能，耕后植被不露头，回立垡少，为其他机具所不及。圆盘式平地合墒器与铧式犁配套形成联合作业机具，平整墒沟，破碎土块，在适耕条件下一次行程可完成耕地、耙地、合墒等作业，使耕地达到播种要求。旋耕机碎土率高，可减少耕后整地工作量，但翻埋性能和耕深受一定限制，主要用于水田耕作。在旱耕中，旋耕机用于盐碱地浅层耕作，抑制盐分上升；在新垦地用于灭茬除草，牧区草地再生等作业也有良好效果。旋耕联合作业机以旋耕机为主体，附加灭茬、深松、开沟、起垄、施肥、播种、铺膜、镇压等工作部件，一次行程可完成多项工序。耕耙犁把犁耕和旋耕两种作业的特点结合起来，一次行程可完成耕、整地作业，充分发挥机具的效能。圆盘犁能切碎干硬土壤，切断草根和小树根，但碎土、翻土和覆盖性能均不如铧式犁，仅用于生荒地和干硬土壤。我国北方旱作农业区正逐步推广使用的深松机，包括凿铲深松机和全方位深松机等，主要用于行间或全方位的深层土壤耕作的机械化翻整。

对于黏重土壤，旱地耕整耕后多使用圆盘耙或缺口耙耙地，有的用圆盘耙作业后再用钉齿耙。圆盘耙还能进行收获后的浅耕灭茬、保墒和松土除草等作业。钉齿耙可在耕后单独使用，有时与铧式犁组合进行复式作业，也能用于幼苗期的疏苗除草。用弹齿耙在石砾地和牧草地进行松土作业，碰到石砾，弹齿不易损坏。网状耙由于其耙齿用弹簧钢丝弯制而成，每个耙齿之间相互铰接，因而对地面高低起伏的适应性强，用于早春除草、播种时覆土及作物苗期除草等作业。钢丝滚子耙可与幅宽相近的犁组串联作业，在湿度适宜的沙壤土和轻质壤土中碎土能力强。近年来，由拖拉机动力输出轴驱动的各种动力耙日益增多，在土壤条件恶劣、湿度过大或过小的黏重土壤中使用可取得良好的碎土效果。如动力滚齿耙，其钉齿按螺旋线交错排列在由动力驱动的水平横轴上，可将表层土壤击碎，并拌和均匀，还有动力往复耙、动力转齿耙等。松软土壤往往用镇压器压实表土，以利于保土保墒。

（二）玉米秸秆还田技术及机械

1. 玉米根茬的处理技术

耕翻埋压或应用根茬粉碎还田机进行机械粉碎还田作业。耕翻作业可采用铧式犁完成，粉碎还田作业可采用手扶拖拉机（单行）或轮式、履带式拖拉机配套 2~4 行灭茬机完成。粉碎还田作业技术要求：漏切率不大于 3%，粉碎的长度不大于 5cm，大于 5cm 长的根茬数量不得超过根茬数量的 10%，站立漏切根茬不得超过根茬数量的 0.5%；工作部件入土深度不低于 10cm；碎茬与土壤混合均匀，地表细碎平整；作业后应保持原有垄形。

2. 玉米秸秆的处理技术

玉米秸秆的处理采用机械粉碎还田。使用玉米联合收获机配套的秸秆粉碎装置或专用机具，将摘穗后直立的玉米秸秆粉碎抛撒在地表，随耕翻作业埋入土中，经过一系列物理化学变化，达到疏松土壤、消灭病虫害、增加有机质、改良土壤理化性状、培肥地力、提高产量、减少环境污染、争取农时的目的。

秸秆粉碎还田作业技术要求：趁稻秆青绿时进行粉碎还田作业，此时秸秆内水分、糖分较多，利于腐解，培肥地力；施肥，一般每公顷还田 7.5t 秸秆时，需补施 300~600kg 速效氮肥或 150~225kg 尿素；粉碎长度小于 10cm；深埋，使秸秆与肥土混拌均匀，并深埋于距地表 20cm 以下土层；整地，为播种创造条件；浇水，消除土壤架空。

（三）玉米的保护性耕作技术及机具

保护性耕作与传统耕作的最大差别在于取消了铧式犁翻耕，地面保留大量的秸秆残茬作为覆盖物，并在秸秆覆盖地上免（少）耕播种，实现保水、保土、保肥，减少作业成本，增加粮食产量。多年研究和推广保护性耕作技术的实践证明，实施保护性耕作的关键技术包括秸秆与表土处理技术、免（少）耕播种技术、杂草及病虫害防治技术、深松技术。

这四项技术的实施，靠人畜力很难完成，必须采用机械化的技术手段，才能保证各项作业的质量，进而保证保护性耕作技术效益的发挥。因此，保护性耕作也被称为机械化保护性耕作。

1. 秸秆覆盖技术

前茬作物收获后，保留前茬作物根茬与秸秆覆盖地表，是保护性耕作技术的特征之一。秸秆残茬的覆盖方式与保水、保土、保肥的效果有密切的关系。根据各地的具体情况，选择适合当地条件的秸秆覆盖量。

2. 表土处理技术

表土处理是指收获后至播种前用机械对表层土壤进行的耕作（少耕），包括用圆盘耙、弹齿耙、浅松机等进行的表土10cm以内的作业，以达到平整土地、除草等目的。适当表土处理是保证保护性耕作充分发挥效益的重要作业环节。在我国农村地块小、拖拉机功率小、施肥量大、作业行距小、免耕施肥播种质量不易达到较高水平以及农民历来具有精耕细作传统的现实情况下，必要的地表处理对保护性耕作在我国推广实施具有更大的现实意义。

3. 深松技术

深松技术是利用深松铲疏松土壤、打破原有多年翻耕形成的犁底层、加深耕层而不翻转土壤、适合旱地农业的保护性耕作技术之一。深松能够调节土壤三相比，改善耕层土壤结构，提高土壤蓄水抗旱的能力。深松后形成的虚实并存的土壤结构有助于气体交换、矿物质分解、微生物活化、培肥地力。因此，在旱地保护性耕作技术体系中，深松被确定为基本的一项少耕作业。

二、玉米种植机械化技术

（一）玉米播种作业农业技术要求

（1）选用抗病和抗逆性好的优良玉米一代杂交品种，最好是进行种子清选和药物包衣处理。

（2）要求被播种的土壤或苗床平整、松软，墒情适宜，利于种子着床和发芽。

（3）玉米生长期短，要做到适时播种，保证玉米生长期有一定积温。由于玉米生长期短，一般在100d左右，要保证玉米高产，对玉米种植时间有特别要求。玉米种子发芽的最低温度一般为 10~12℃，可作为确定玉米播期的依据。我国各地的农业生产条件差异较大，黄淮海流域绝大部分地区适宜播种夏玉米，播种期一般在 5 月底和 6 月初。东北地区每年的无霜期较短，为一年一熟制，玉米播种期一般在 5 月中旬。西北等一些高寒山区适宜种植春玉米，播种期一般在 4 月底和 5 月初。

（4）播种量应根据地力、品种、种子发芽率和农艺对种植密度的要求而定。亩播量一般在 3~5kg，亩基本苗 3 000~5 500 株。

（5）对播种的要求。行距一般分宽窄行和等行距 2 种。宽窄行一般在 40cm+80cm，等行距一般在 60~70cm。播种深度适宜，深浅一致。一般播种深度要求在 5~6cm，最深不能超过 10cm。一般株距要求在 20~30cm，播种均匀，无缺苗断垄。覆土严密，镇压适中，播到地头地边。

（二）玉米精（少）量播种机械化技术

1. 玉米精（少）量播种机械化技术简介

玉米精（少）量播种机械化技术是指通过机械将玉米种子按照农艺要求定量、定位播入土壤，以达到减少种子用量的目的。特点是一穴一粒，一般不需要人工间苗，节省间苗工，实现高产栽培技术。

玉米精（少）量播种机械化技术是整套的综合栽培技术措施，包括培肥地力，选用适宜良种，提高种子质量和播种质量，实行精（少）量播种，控制基本苗的数量及其分布均匀度，适期播种，化肥深施，合理运用水、肥、光照及中耕、深松等多种技术措施。

2. 玉米精（少）量播种机械化技术要点

（1）适用范围。适用于水、肥、土、光条件较好，基础产量较高的地块。

（2）播种前的准备。对一年两熟制地区，在前茬作物收获后要及时耙茬或深松播种，对于墒情差的地块，要浇好出苗水，保证全苗。对一年一熟制地区，要先期进行深耕整地。耕深25cm以上，打破原有犁底层，加厚活土层，为促进根系发达，创造良好条件。深耕后，根据土质情况，可先用旋耕机旋耕，后用钉齿耙耙透，做到地面平整，上虚下实。对于东北等进行垄上播种的地区，在整地的同时要起好垄，为翌年播种做好准备。

（3）科学施肥。根据土壤墒情和肥力情况，本着"以农家肥为主，化肥为辅，氮、磷、钾有机结合"的原则，先施足底肥。在两茬连作区，夏玉米播种由于时间紧，在底肥不足时，可追施化肥1~2次。当土壤墒情较好时，可在播种的同时侧深位施用少量壮苗肥；在玉米生长期，结合中耕追施一定量的氮肥或复合肥，以利于作物生长和增产。

（4）选用优良品种。选用抗倒伏、抗病、优质、高产稳产的玉米杂交品种。播种前要对种子进行清选、包衣并进行发芽率试验。

（5）播期。选择当地最佳播期并适当早播。

（6）播量。播量应按照品种特性、基本苗、播期及田间成苗率计算。各地在实际播种时，根据实际情况和农艺要求，灵活掌握，一般亩播量仅供参考，精（少）量播种首先要保证基本苗满足玉米高产栽培要求。

（7）播深。播种深度以5~6cm为宜。如果土壤黏重，墒情好时，可适当浅些，一般4~5cm；对质地疏松、易于干燥的沙质土壤，播种应适当深一些，可增加到6~8cm，但最深不能超过10cm。

（8）行距。玉米行距一般60~70cm，以利于机械化收获。

（9）及时检苗补苗。玉米出苗后 1 周内要对苗进行检查，发现缺苗断垄的，应及时移栽补苗。

（10）技术状态检查调整。播前对精（少）量播种机技术状态进行检查调整，使播种机达到正常工作状态。

①技术状态检查。零部件应完整无损、无变形，各部位螺钉不应松动，各调节装置应调整轻便、灵活，固定牢固。排种（排肥）装置应完好无损、转动正常，刷种装置可靠、各行排量一致、排种均匀。输种管完好，种子通过畅通，不外漏。种子箱（肥料箱）无裂缝，有盖，箱内无杂物，以免影响排种（排肥）或损坏排种（排肥）部件。传动系统应传动灵活可靠，齿轮传动时应全齿咬合，齿顶与齿根之间有合适的间隙；链条传动时，链轮应在同一平面内，链条紧度用手在链条中间压时，下垂度不大于 20mm。各转动部位应加注润滑油。各开沟器间的间距相等，偏差不超过 5mm。播种机升起位置时，圆盘开沟器的圆盘转动灵活，无晃动，两圆盘接触间隙不大于3mm。圆盘安装的导种板不应妨碍圆盘转动。锄铲式开沟器最低点应在同一平面上，高度差不超过 10mm。液压升降机构应起落灵活可靠。

②机具调整。播种前应对机架的挂接状态、行距、播深、播量、各行播量一致性等进行调整。按玉米播种要求的全株距调整，实现一穴一粒，无须间苗，但对种子和种床要求较高，种子要求精选并进行包衣处理。按玉米播种要求的株距一半或大于一半进行播种，使得实际播种籽粒（株穴）数比要求的种植密度增加 10% 左右，以防因种子质量、虫害等因素影响播种后种子出苗不全的问题。

（11）播种机作业性能应达到的要求。

种子破损率机械式≤1.5%，气力式≤0.5%。

播种深度合格率≥80%（理论深度±1cm 为合格深度）。

同一播幅内行距的最大偏差≤4cm。

施肥各行排量一致性变异系数≤13%，总排量稳定性变异系数≤7.8%，排肥断条率＜3%，排肥均匀性变异系数≤40%，施肥位置准确率。

（12）试作业。播种机经检查调整后，在正式播种前还必须进行田间试播。因为在田间作业中，整地质量、土壤墒情、机器振动、地形变化、地轮转动滑移，都会对播种质量产生影响，还要通过试播检查播量、株距、播深、覆土效果及播种均匀性等是否符合要求，如不符合要求还要进行调整。

（三）玉米免耕播种机械化技术

1. 玉米免耕播种机械化技术简介

玉米免耕播种机械化技术是指小麦收获后不经耕地，使用玉米播种机直接播种玉米的一项机械化技术，特点是播种前不耕整土地。玉米免耕播种机械化技术有玉米免耕直播、玉米免耕覆盖播种和玉米套播 3 种方式。区别是：玉米免耕直播技术指的是在小麦收割后，割茬较低、无麦草覆盖的地里，使用玉米播种机播种玉米的一种作业方式。玉米免耕覆盖播种技术是指在小麦高留茬或麦草覆盖地里，使用免耕覆盖播种机播种玉米的一种作业方式。玉米套播技术是指在小麦收割前 7~15d，使用单行玉米播种机在小麦预留套种行播种玉米的一种作业方式。玉米免耕直播、免耕覆盖播种和套播由于地表条件不同，使用的播种机也有所不同。

玉米免耕播种机械化技术是保护性耕作技术的主要内容之一，它的最大优点，一是在地里直接播种玉米，不耕整地，节省了农时和作业成本，满足了玉米生长对积温的要求，有利于后期灌浆和成熟；二是与人工播种相比，机械播种均匀、深浅一致，覆盖严密，保证密度；三是由于不耕地，可以减少土壤水分蒸发量，有利于保墒促全苗；四是由于有大量的农作物残茬和秸秆覆盖地表，有抑制杂草、减少水土流失、蓄水保墒、增加土壤肥力的作用。

2. 玉米免耕播种机械化技术要点

（1）玉米免耕直播和免耕覆盖播种机械化技术要点。

①前茬的基础准备。免耕直播作业时，小麦留茬高度应不超过20cm。免耕覆盖播种作业时，要求小麦在收获时尽可能使用带秸秆切碎装置的联合机收割，留茬高度不超过20cm。对于小麦收获后秸秆未切碎抛撒且成条铺放的，播种前要使用秸秆还田机进行粉碎或用捡拾机转移，以利于播种机作业。同时，小麦畦式种植要兼顾玉米免耕播种作业幅宽，并做到畦面平整，以利于播种机作业和玉米出苗期及生长期浇水。土壤含水量17%~19%时，出苗快，出苗率高。土壤墒情差时应浇水后播种，或播后浇水。

②良种的选用。夏玉米品种应选择生育期较短、抗逆性强的中早熟优质杂交种。种子应进行精选，纯度不低于97%，发芽率不低于85%，含水率不大于13%。播种前应适时对所用种子进行包衣处理或药剂拌种，防止地下虫害和苗期病害的发生，以保全苗。各地多年的生产实践表明，玉米杂交优势在遗传增益中的作用占25%~35%。近年来，一大批优良的玉米杂交品种在各地大面积推广种植，为夺得玉米稳产、高产创造了先决条件。

③播期的确定。夏玉米一般在5月底6月上旬播种，到9月底前收获，要求不能耽误小麦的播种期。采用玉米免耕直播和免耕覆盖播种方式的，播期一般应在6月上旬，小麦收获后及时播种。

④播量的确定。播量应根据地力、品种而定，机械化播种一般每公顷在30~45kg。一般在水、肥、土条件较好的高产地

块，使用紧凑型玉米品种，基本苗控制在每公顷 6 万~9 万株；使用平展型玉米品种，基本苗控制在每公顷 5 万~7 万株。在水、肥、土条件一般的中低产地块，使用紧凑型玉米品种，基本苗控制在每公顷 5 万~6 万株；使用平展型玉米品种，基本苗控制在每公顷 4.5 万~5.5 万株。

⑤播深、行距、株距的确定。播种时播深应根据墒情而定，一般播种深度要求在 5~6cm。实施种植的行距，宽窄行一般为 80cm 和 40cm，等行距种植的行距为 60cm。等行距种植有利于玉米联合收割机收获作业。播种行距和株距的确定，必须以保证玉米单位面积的成苗株数为前提，行距宽，株距密，一般株距要求在 20~30cm。

⑥种肥的确定。种肥的合理配比和均匀施入是促进种子发育、培育壮苗，以最佳投入夺取高产的重要措施。根据各地经验，种肥的最佳配比和用量是：每公顷施磷酸二铵 150~200kg，硫酸钾 50~100kg；缺锌地块可在磷酸二铵上喷施硫酸锌，每公顷 7.5kg。不提倡尿素作种肥。要使用带有施肥装置的播种机侧深位施种肥，防止烧种，深度一般在 5~10cm。

⑦播种机的检查调整。播种前，应按照不同的作业方式选择机具，并根据产品使用说明书对玉米播种机的相关部位进行调整。使用拖拉机作动力的，检查调整三点液压悬挂在工作状态（液压手柄处于浮动位置）时机架应处于水平状态，液压悬挂机构应起落灵活、可靠，不符合要求的要进行调整，使其达到正常作业要求。

⑧试播。播种前要进行试播。通过试播，检查、调整播深一致性和排种均匀性，播量、行距、株距等是否能满足农艺要求。不符合要求的要进行调整，使其达到农艺要求。

⑨播种机田间作业的正常操作。播种时，应保证机具匀速前进，严禁中途倒退或忽快忽慢，随时注意观察播种机各机具

的工作状况，发现故障及时排除，保证作业质量。播种出苗后，要对苗情进行普查。发现有出苗不匀和缺苗断垄的，要及时进行间苗、补苗，以保全苗。

（2）玉米套播机械化技术要点。

①前茬的基础准备。套播作业时，前茬作物（小麦）种植时要求预留种植行，预留行距一般为 30~53cm，以利于机具通过。套种行的宽度和行数必须保证小麦和玉米单位面积的成苗株数，不能因预留套种行而减产。土壤含水率不足 14%的，要求浇小麦灌浆水，以保证在套播玉米时能够足墒下种。

②良种的选用。选择抗病和抗逆性强、生育期长的高产品种，合理密植。一般选用紧凑型或半紧凑型品种。播种前要对种子进行清选、拌农药和发芽试验。

③播期的确定。高产田一般选择在小麦收获前 7~10d 套种，中低产田一般在小麦收获前 10~15d 套种比较适宜，最长不超过 20d。在 7~15d 的共生期内，玉米处于苗期 2~3 片叶子。

④播量的确定。播量应根据地力、品种而定，一般机械化套播每公顷 30~45kg。地力、肥力较好的地块，播量应适当大一点。大穗（或平展型）品种应适当播稀一些，中穗（或紧凑型）品种应适当密一些。

⑤播深、行距的确定。一般开沟深度不小于 5cm，种子应播到距地表 3~5cm 处，覆盖良好。墒情好的可适当浅播，墒情不好可适当深播。

⑥机具播种前的准备。播种前，应按照农艺要求选择机具，并根据产品使用说明书对玉米套播机的相关部位进行调整，并进行试播。通过试播，检查调整播深一致性和排种均匀性，播量、行距、株距等是否能满足农艺要求。不符合要求的要进行调整，使其达到正常作业要求。

⑦播种机性能应达到的要求。播种均匀性要求种子合格率在80%以上；种子破损率不大于1.5%；播种深度合格率不小于80%（理论深度±1cm为合格深度）。

⑧播种机作业的正常操作。播种时，应保持机具匀速前进，随时注意观察播种机的排种和开沟覆土状况，发现故障及时排除。播种出苗后，要对苗情进行普查。发现有出苗不匀和缺苗断垄的，要及时进行人工间苗、补苗，以保全苗。

三、玉米田间管理机械化技术

玉米田间管理包括间苗、补苗、田间中耕、追肥、除草、行间深松、施药防治病虫草害、灌溉、排涝等作业环节，既可单独进行，也可联合作业。

（一）中耕追肥作业

中耕作业主要指玉米生长期间除草、松土、破表土板结、培土起垄或与上列作业同时进行的追肥。追肥的施用应按当地农时来进行，一般分中耕追肥、施拔节肥、孕穗肥等，必要的话，还要依据作物长势施叶面肥料。

中耕作业的作用主要是有效改善土壤物理性状，使土壤疏松，增强通气性，提高表层地温；切断土壤毛细管，减少土壤下层水分的蒸发，蓄水保墒防旱；当土壤湿度过大时，可加速表层土壤水分的蒸发，晾墒以调节土壤水分；改善土壤生化状态，增强好气性微生物活动，加速土壤腐殖质的矿化分解，提高土壤肥力，利于作物根系吸收；消灭杂草，抑制虫害，为作物生长发育创造良好条件。追肥能促进玉米后期生长发育及提高产量。

1. 中耕作业的农艺技术要求

基本要求是锄净杂草、松土并施化肥。中耕后土壤疏松而不粉碎，不翻乱土层，土表平整以减少土壤水分蒸发；培土起垄后，垄形规整，沟底留有落土，避免机械伤苗，每遍伤苗、压苗率不超过1%；追肥以垄沟施肥为主，与中耕作业同步进行，做到深趟沟，浅覆土，多回土。化肥施在垄沟表土下8～12cm深处，覆土厚度不少于8cm，与苗距离10cm以上。

2. 中耕机械的种类

适用于玉米种植的中耕机械按拖拉机挂接方式划分，有牵引式和悬挂式；按作业类型划分，有全幅中耕机、行间中耕（追肥）机、通用中耕机等；按工作部件型式划分，有铲式中耕（追肥）机、旋转式中耕（追肥）机、杆式中耕机等；按作业行数分，有二行、四行、六行、八行、十二行、十三行、十四行、十五行、十六行等。

3. 中耕机械的使用技术

中耕作业的目的是疏松土壤、消除杂草。根据不同用途配装不同部件，以完成除草、起垄、深松、施肥等作业。

在中耕第一遍时要调整好行距以免伤苗，由于此时玉米苗弱小，作业速度要慢些。对于土壤较硬的地块，在犁铧前部应加松土铲。第一遍中耕深度要在15cm以上，为以后中耕打下基础。

中耕追肥作业一般是在中耕第三遍时进行垄沟追肥，要将施肥铲调整到正对垄台或苗眼位置，将施肥管放在中耕铧的后部，让肥料流入垄沟底部。追肥深度依照回土量决定，一般回土量要达到8～10cm，要选择在雨前或土壤湿度适中的情况下进行。

（二）夏玉米行间深松覆盖作业

夏玉米行间深松覆盖技术可划归机械化保护性耕作，是在夏玉米长至5～7片叶子时，使用深松机在其行间进行25～

30cm 深的松土，也可随时进行 10cm 深施肥，然后对深松区进行地表镇压和抛撒麦秸秆覆盖的农艺措施。用以提高土壤的蓄水保水能力，形成"地下水库"，以满足玉米生长期对水分的需要。其特点一是深松后土层不翻乱，土壤孔隙度增大，容重减小，从而提高了土壤的蓄水能力，减少地表径流。同时，深松能打破犁底层，不仅有利于积蓄雨季丰富的降水，而且有利于作物根系深层发育。深松作业只对玉米两侧的土壤进行疏松，玉米根系下部则保留未动，形成虚实并存的耕层结构，有利于蓄水提墒和促使玉米根系向纵深方向发育。二是在深松的同时，把肥料施放于土层 10cm 深处，既可防止肥效的挥发损失，又防止肥分随水分流失，提高了肥效。三是覆盖麦秸秆后避免了雨水直接冲刷地表，减少了地表径流的发生，减少水分蒸发，保持了土壤表层疏松，避免了土层板结。四是夏季高温多雨天气，使得覆盖的秸秆很快腐烂分解，增加土壤有机质，土壤肥力得到增强，而且释放出二氧化碳气体，增大了田间二氧化碳浓度，提高了玉米光合作用强度。五是秸秆覆盖还可以抑制田间杂草的生长，由于秸秆覆盖均匀，厚度达 3～5cm，可有效避免阳光照射地面，抑制杂草生长，避免杂草与玉米争夺养分和水分，同时也为将来秋种创造良好底墒。六是深松作业不打乱土层，深松机具较铧式犁翻耕作业时的牵引阻力小40%，节省动力和油耗。

作业技术要点如下。

（1）深松时机最好为玉米苗期 5～6 叶片时，并赶在伏雨来临之前进行。对密植矮秆的玉米品种，其深松时机也不要超过 7 个叶片。因为过早易动土埋苗，过迟则伤根造成后期发育不良而减产。

（2）深松间距应与当地玉米种植行距相同，60～90cm。

（3）深松后随即进行镇压和秸秆覆盖，以保墒和抑制杂

草滋生。镇压强度在 350～450kg · N/cm² 。秸秆覆盖厚度
3～5cm。

（4）翌年免耕播种要错行，作物和行间深松相对于前一
年移位，使土壤虚实状态轮流变化，各处的养分能充分为作物
所吸收。

（三）灌溉与排涝

1. 灌溉

玉米应按不同品种的农艺需水要求适时灌溉，灌溉方式主
要有沟灌、喷灌、微灌、行走式灌溉等。沟灌是最传统的灌溉
方式，投资较少，水资源利用率低，浪费大，且有碍拖拉机田
间作业。喷灌投资较大，但比沟灌省水、省工，也无碍拖拉机
进行各种田间作业，适用于丘陵地、不平地块。喷灌设备可分
为移动式、固定式和半固定式，移动式利用率较高，作业成本
较低。微灌的灌水流量小，延续时间长，所需工作压力较低，
能够较精确地控制灌水量，把水和养分直接输送到作物根部附
近的土壤中，满足作物生长发育的需要，但灌水器易堵塞。行
走式灌溉适用于干旱、半干旱地区的各种耕地。行走式灌溉设
备主要有拖拉机、农用运输车背负或拖曳水箱，用行间注水器
将水直接灌注于农作物根部，节水效果显著，但用工量较大，
机组进地次数多。

2. 排涝

遇到天然降水过多造成的内涝或洪水泛滥造成的外涝时，
应及时排出田间多余的积水，防止根系被沤烂，影响玉米的正
常生长。排涝工具主要是农用水泵，利用电动机或柴油机带
动，将涝水排出田间。

3. 利用节水节能新技术

发展节水农业，提高灌溉水利用系数和单方灌溉水的玉米

生产能力，降低能耗。

泵产品是排灌机械化系统首部的重要供水元件，目前泵产品理论和技术成熟度较高，泵产品类型基本齐全，已能满足各种需求。应选用可靠性高、能耗低，应用新结构、新工艺、新材料和自动控制技术的泵产品。

水从泵站输往田间地头的途中应注意提高渠系输水利用系数。目前输水形式主要是渠道和管道输水。由干、支、斗、农渠组成的开式灌溉输水网络往往因渗漏或决口跑水造成损失，约占输水总损失的70%，而采用闭式管道组成的输水网络虽有滴漏，其损失不足5%。因而要大力推广应用渠道防渗技术和管道输水技术。

田间配水过程是农业节水灌溉的关键环节。如何提高单方水的玉米产量和灌溉水的利用系数与采用不同的灌溉模式有关。传统落后的大水漫灌模式的水利用系数只有0.30~0.40，而采用先进的喷灌、微灌模式，其水利用系数可达0.8以上。目前喷灌技术与设备正朝低压喷洒、降低能耗，机型变种、系列成套，智能技术、"傻瓜"控制，综合利用、精准灌溉，生产率高、可靠性强的方向发展。高、中、低压喷头产品均着眼于多用途、多种类、短系列，而非旋转微喷头已成为微灌主流。

农业排灌机械化的耗能在农业生产中所占比例较多。如在美国，农业生产耗能中田间作业占20%，灌溉占12%。在排灌机械化中既要节水也要节能，才会发挥出良好的综合效益。

四、玉米收获机械化技术

（一）玉米机械化收获技术

玉米机械化收获技术是在玉米成熟时根据其种植方式、农艺要求，用机械装置来完成摘穗、输送、集箱、秸秆处理等生产环节的作业技术；或者说，玉米机械化收获是指利用机械装备对果穗收获、秸秆田间处理的一种机械化收获技术。玉米机械化收获技术主要有玉米分段收获机械化技术、玉米联合收获机械化技术、玉米秸秆青贮机械化技术、玉米秸秆还田机械化技术和玉米收获后耕整地机械化技术。

1. 玉米分段收获机械化技术

玉米分段收获机械化技术是在低温多雨或需要抢农时种下茬作物的地区，在茎秆和籽粒含水率较高、苞叶青湿并紧包果穗的情况下，所采用的先摘穗、剥皮晾晒，直至水分下降到一定程度时再脱粒、秸秆切段青贮或粉碎还田的分段收获技术。可避免因籽粒过湿脱粒而导致籽粒大量破碎或损伤的问题。

（1）主要技术模式。

①人工摘穗+秸秆处理模式。其工艺流程为人工摘穗→人工或机械剥皮→脱粒→秸秆处理4个分段环节。

②机械摘穗+秸秆处理模式。其工艺流程为机械摘穗→剥皮→脱粒→秸秆处理4个分段环节。

（2）技术要点。玉米分段收获作业应达到国家有关标准要求：果穗损失率≤3%，割茬高度≤15cm。为保证玉米果穗的收获质量和秸秆处理的效果，玉米分段收获应按以下要求进行。

①收获前，应对玉米的倒伏程度、果穗成熟情况等进行调查，并提前制定收获计划。

②采用机械摘穗作业前应进行适当试作业，达到农艺要求后，方可投入正式作业。目前分段收获机均为对行收获，作业时其割台要对准玉米收获行，以便减少落穗损失，提高作业效率。

③作业前，适当调整摘辊间隙，以减少啃果落粒损失；作

业中，注意果穗采摘、输送、剥皮等环节的连续性，以免卡住、堵塞或其他故障的发生；随时观察果穗箱的充满程度，及时倾卸果穗，以免果穗满箱后溢出或造成果穗输送装置的堵塞和故障。

④正确调整秸秆还田机的作业高度，以保证留茬高度小于100mm，以免还田刀具打土、损坏。

⑤如安装灭茬机时，应确保灭茬刀具的入土深度，保证灭茬深浅一致，以保证作业质量。

2. 玉米联合收获机械化技术

玉米联合收获机械化技术是在玉米成熟时，根据其种植方式、农艺要求，实现切割、摘穗、输送、剥皮、集箱、穗茎兼收或秸秆还田的作业过程。简言之，玉米联合收获机械化是指利用机械装备对果穗收获、秸秆田间处理的一种联合作业方式。

我国大部分地区，玉米收获时的籽粒含水率一般在25%~35%，甚至更高，收获时还不能直接脱粒，所以一般采用收获果穗的方法。

（1）主要技术模式。

①机械摘穗+秸秆粉碎还田模式。其工艺流程为机械摘穗→输送集箱→秸秆粉碎还田 3 个连续作业的环节。

②穗茎兼收模式。工艺流程为机械摘穗→输送集箱→秸秆收集 3 个连续作业的环节。

（2）技术要点。玉米联合收获机作业应达到国家有关标准要求：籽粒损失率≤2%，果穗损失率≤3%，籽粒破碎率≤1%，好粒含水量≤25%，割茬高度≤15cm；玉米茎秆粉碎还田，茎秆切碎长度≤15cm，且抛撒均匀。为保证玉米果穗的收获质量和秸秆处理的效果，减少果穗及籽粒破损率，玉米联合收获应按以下要求进行。

①收获前，应对玉米的倒伏程度、种植密度和行距、果穗的下垂度、最低结穗高度等情况，做好田间调查，并提前制定作业计划。

②提前 3~5d 对田块中的沟渠、垄台予以平整，并对水井、电杆拉线等不明显障碍设置标志，以利安全作业。

③作业前应进行试收获，调整机具，达到农艺要求后，方可投入正式作业。目前大部分玉米联合收获机均为对行收获，作业时其割台要对准玉米收获行，这样既可减少掉穗损失，又可提高作业效率。

④作业前适当调整摘穗辊（或搞穗板）间隙，以减少啃果落粒损失；作业中，注意果穗升运过程中的流畅性，以免卡住、堵塞；随时观察果穗箱的充满程度，及时倾卸果穗，以免果穗满箱后溢出或造成果穗输送装置的堵塞和故障。

⑤正确调整秸秆还田机的作业高度，以保证留茬高度小于100mm，以免还田刀具打土、损坏。

⑥如安装灭茬机时，应确保灭茬刀具的入土深度，保证灭茬深浅一致，以保证作业质量。

⑦实施秸秆青贮的玉米收获要适时进行，尽量在玉米果穗籽粒刚成熟时、秸秆发干变黄前（此时秸秆的营养成分和水分利于青贮）进行收获作业。

⑧玉米收获尽量在果穗籽粒成熟后晚 3~5d 再进行收获作业，这样玉米的籽粒更加饱满.果穗的含水率低。

⑨秸秆越青，水分越高，越利于将秸秆粉碎，可以相对减少功率损耗。

⑩根据地块大小和种植行距及作业质量要求选择合适的机具，作业前制定好具体的收获作业路线。

3. 玉米秸秆青贮机械化技术

玉米秸秆青贮机械化技术，就是蜡熟期玉米通过青贮机械一次性或分段完成摘穗、秸秆切碎，并将切碎的秸秆即刻入窖，直接或通过氨化、碱化等处理后进行密封，经过厌氧发酵，将秸秆中能被消化吸收的纤维素和不被吸收的木质素切断，从而提高秸秆的消化利用率，增加秸秆的粗蛋白含量。根据青贮添加剂的配方不同，还可以将该技术进一步分为秸秆微贮、氨化、酸贮、碱化等多种复合青贮加工技术。

（1）主要技术模式。主要有窖式青贮和塑料袋装青贮 2 种模式。其青贮技术路线是将蜡熟期玉米通过青贮收获收机械一次性完成摘穗、秸秆切碎收集，或人工收获后将青玉米秸秆铡碎至 1~2cm 长，青玉米秸秆的含水量一般在 67%~75%，即用手捏原料，指缝中有水珠渗出，但不往下滴，即可装入塑料袋或窖中，压实排出空气以防霉菌繁殖，密封保存 40~50d 即可饲喂。青贮技术工艺流程为：建立青贮池/窖→玉米秸秆适时收获切碎→装池→洒水和掺入青贮添加剂→压实→封盖塑料膜压土密封→发酵 40~50d→喂养牲畜。

（2）技术要点。

①控温和厌氧。青贮料的温度最好在 25~35℃，此温度乳酸菌能大量繁殖，抑制了其他杂菌繁殖。温度过高，可能出现过量产热而抑制了乳酸菌繁殖，助长了其他细菌增殖，使用全青贮失败，青贮料会变臭，养分也会大量流失。

②控制原料水分。原料中水分过高，会影响青贮料的适口性，原料含水量一般在 50%~75%较为适宜；同时最适宜乳酸菌繁殖。

控制原料中可溶性含糖量：原料中必须要有适量的糖分，才有利于乳酸菌的繁殖，一般要求 3%即可。

4. 玉米秸秆还田机械化技术

玉米秸秆还田机械化技术是在玉米收获时或收获后，使用还田机械对秸秆进行粉碎、抛撒的作业过程。

（1）主要技术模式。人工掰棒→还田机械粉碎秸秆抛撒地面→施肥（补氮）→旋耕或耙地灭茬→深耕整地→播种小麦→浇水踏实；联合收获→秸秆粉碎抛撒地面→施肥（补氮）→旋耕或耙地灭茬→深耕整地→播种小麦→浇水踏实。

（2）技术要点。

①及时收获。玉米成熟后及时收获秸秆粉碎还田。秸秆含水量较高时，粉碎还田效果好（最适宜含水量70%以上），此时秸秆中的养分能充分利用，并易腐烂。切碎后秸秆长度一般要求在3~6cm，防止漏切。

②增施氮肥。秸秆还田后进行补氮，除应正常施底肥外，亩增施碳铵12kg，将玉米秸秆碳氮比由80∶1补到25∶1。

③旋耕或耙地灭茬。用旋耕机作业1遍或重耙2遍，在切碎根茬的同时将秸秆、化肥与表层土壤充分混合。旋耕深度8~12cm。

④深耕翻埋。耕地深度大于25cm，耕后耙透、镇实、耢平。通过耕翻、压盖，消除因秸秆造成的土壤架空，为播种创造条件。

⑤播种。最好使用圆盘式开沟器的小麦播种机播种，以免勾挂根茬或秸秆造成壅土。播种深度3~5cm，覆土镇压严紧，种子破碎率不大于0.5%，田间无漏播、地头无重播、断播率不大于5%。

⑥浇水。玉米秸秆在土壤中腐解时需水量较大，如不及时补水，不仅腐解缓慢，还会与麦苗争水。因此，小麦播种前要浇足塌墒水，以消除土壤架空，促进秸秆腐烂。冬前要浇好封冻水，这对当季秸秆还田的冬小麦尤为重要。春季要适时早浇返青水，促进秸秆腐烂，保证麦苗正常生长所需的水分。

第三节 水 稻

一、水田耕整地机械化技术

（一）水稻种植对大田的要求

水稻种植通常要求大田具有田块平整、耕层深厚、泥土松软，土壤酸碱度适宜、养分充足、比例协调，保肥保水能力强，无杂草、残茬等特点。水稻田面高低差小于 3cm，插秧后保证寸水棵棵到。土壤耕层厚度为 15~20cm，具有肥厚绵软的特征，即有充足的养分、利于扎根。犁底层要求紧密适度，既具有良好的保水、保肥能力，又有一定的渗水性及供肥能力，高产稻田要求有良好的保水性，避免有效养分流失。稻田的日渗漏量以 7~15mm 为宜，过大，不保水不保肥；过小，稻田水多气少，还原性强，易使有毒物质积累。一次灌水能保持 5~7d。高产水稻的土壤酸碱度以中性为宜，稻田养分要求各种元素之间比例适量协调，有机质含量在 2.5%~4%，且不缺微量元素。同时要求土壤中的水、肥、气、热协调，有益的微生物活动旺盛，保温性能良好。

由于水稻机插技术要求中小苗带土浅栽，这对大田的耕整提出了要求。若水田耕整粗放，易导致机插秧倒苗、漂秧、密度不均等问题，将直接影响机插水稻的产量。因此，机插秧的大田耕整技术是机插秧技术中的重要环节，在插秧机满足性能要求的前提下，提高大田耕整地质量是保证机插秧质量的关键。

（二）技术内容

机插水稻大田耕整地技术，是水稻高产栽培技术中的一项重要内容，一般包括前茬秸秆处理、耕整地、施基肥、沉实等作业环节。

1. 前茬秸秆处理

前茬作物收获时须进行秸秆粉碎，并均匀抛撒。若机收时未进行粉碎，则应增加一次秸秆粉碎作业或将秸秆移出大田。油菜茬一般在收获时要尽量留低茬，机收时留茬过高则要人工割茬或用旋耕机清除残茬；小麦机收后可直接上水浸泡，再用旋耕机或反转灭茬机耕整。前茬为绿肥时，要适时翻耕上水泡沤至腐烂。

2. 耕整地

机插水稻大田的耕整地分旱耕水整、水耕水整，只要天气和时间允许，提倡翻耕晒垡 2~3d，以利于改善土壤理化性状。

（1）旱耕水整。旱耕水整主要有旋耕和犁耕两种方式。利用旋耕机、反转旋耕灭茬机进行旋耕作业，土壤含水率须在30%以下，作业时要稳定作业深度，深度以有效翻埋秸秆为宜。犁耕深度要求达到 18cm 以上，该种方式埋茬效果较好，相对旋耕作业，对秸秆的切碎程度和铺放均匀度要求较低。犁耕宜 2~3 年作业一次，与旋耕作业交替进行。

若水稻田块较大，且田块高低差较大，超过 15cm，需要进行整治改造，可采用交叉作业或激光平整机作业。激光平整机可使田块平整精度达到±1cm，平整过后再进行旱耕水整。

旱耕结束后，上水浸泡即可用水田耙等平整机械进行平整作业。

（2）水耕水整。灌入浅水 3~5cm，浸泡 1~2d 后，待秸秆和根茬浸泡充分再进行水耕水整。水耕水整可采用水田埋茬起浆机、水田驱动耙等设备。在水耕水整中应注意控制好适宜的灌水量和浸泡时间，水层过高，秸秆则容易漂浮于水面，影响秸秆的翻埋效果。

3. 施基肥

基肥施用应根据土壤地力、茬口、水稻品种、肥料品种等条件，并按照有机肥与无机肥相结合，大量元素氮、磷、钾与微量元素硼、锌相结合的施肥原则。农家肥作为底肥时，一般每公顷施入 15~30m³，应在耕整地前施入。氮肥中作基肥的施量一般为总施肥量的 25%~30%，磷、钾肥一般全部作基肥。

对于秸秆还田的地块，每还田 100kg 秸秆增施 1kg 尿素，以避免秸秆腐烂过程中形成生物争氮而造成土壤中速效氮肥暂时亏缺，影响秧苗生长的现象。

4. 沉实

水整后的机插大田要利于立苗，适度沉实，做到泥水分清。一般沙质土沉实 1d 左右，沙壤土沉实 2d 左右，黏土沉实 3d 左右，达到泥水分清，沉淀不板结，水清不浑浊。

水田耕整作业完成后，对于杂草发生较多的地块，应结合泥浆沉淀，立即对田块进行栽前化学封杀除草。选用适用的除草剂拌湿润细土均匀撒施，撒施后田块内保持 5~10cm 水层 2~3d。

二、机插秧技术

水稻插秧机械化技术是将符合一定标准的水稻秧苗，采用高性能插秧机，结合农艺要求，栽插到土壤中的技术。其特点是：规格化的中小苗、带土浅栽、宽行窄株、定苗定穴，并能达到现代水稻种植的农艺要求。

（一）机插秧对秧苗的要求

为了做好插秧作业，要确保苗体素质、增强栽后抗逆性、促进秧苗早生快发，因此，育好秧苗十分重要。

1. 育秧方式

适合机插的秧苗是采用软（硬）盘，培育出的符合一定规格的带土小苗，俗称毯状秧苗（或标准秧块）。育秧方式主要有大田简易育秧和工厂化育秧。

（1）大田简易育秧。大田简易育秧技术是用标准软（硬）盘，在大田进行秧苗培育的一种育秧方式，具有投资成本低、操作简便的特点，是目前普遍应用的机插育秧方式。

（2）工厂化育秧。水稻工厂化育秧是利用现代农业装备进行集约化育秧的生产方式，集机电化、标准化、自控化于一体，是一项现代农业工程与农艺结合的技术。其核心技术是通过专用育秧设备在育秧盘内播土、播种、洒水、盖土，然后采用自控电加热设备进行高温快速破胸、适温催芽及大棚育秧的先进工艺。

2. 秧苗质量要求

机插秧苗质量要求：根系发达，苗高适宜（13~20cm），茎部粗壮，叶挺色绿；秧苗分布均匀，生长整齐，常规粳稻1.7~3.0株/cm²，杂交稻1.2~2.5株/cm²；盘根带土，厚薄一致（2~2.5cm），提起不散，形如毯状；秧块四角垂直方正，宽长达标（宽28cm，长58cm），不缺边不缺角。

3. 秧苗起运

机插育秧起运时应减少秧块搬动次数，保证秧块尺寸，防止枯萎，做到随起、随运、随栽。遇烈日高温，运放过程中要有遮阳设施。对于软（硬）盘秧，可将软（硬）盘秧平放运往田头，也可先连盘带秧一并提起，慢慢拉断穿过盘底的少量根系。再平放，小心卷起秧块，叠放于运秧车，堆放层数一般2~3层为宜，切勿过多而加大底层压力，避免秧块变形和折断秧苗，运至田头应立即卸下平放，让秧苗自然舒展。对于双膜秧，在起秧前首先要将整块秧板切成适合机插的规格，一般为宽 27.5~28cm、长 58cm 左右的标准秧块。为确保秧块尺寸，事先应制作切块方格模（框），再用长柄刀垂直切割，切块深度以切到底膜为宜。切块后一般就可直接将秧块卷起，并小心叠放于运秧车上。

（二）机械化插秧

1. 插秧机检查调整

（1）作业前，驾驶员需对插秧机作一次全面检查调试，各运行部件应转动灵活，无碰撞卡滞现象。转动部件加注润滑油。

（2）装秧苗前须将空秧箱移动到导轨的一端，再装秧苗，防止漏插。秧块要紧贴秧箱，不拱起，两片秧块接头处要对齐，不留间隙，必要时秧块与秧箱间要洒水润滑，使秧块下滑顺畅。

（3）按农艺要求，确定株距和每穴秧苗的株数，调节好相应的株距和取秧量，保证每亩大田的基本苗。作业开始时试插一段距离后，调整到正确的取秧量再进行正式作业。

（4）根据大田泥脚深度，调整插秧机插秧深度，并根据土壤软硬度，通过调节插深一致性，达到不漂不倒，深浅适宜。

2. 田间作业

（1）作业路线。根据田块的大小和形状，栽插方法会有所不同，因此在开始作业前应先确定栽插顺序，然后再进行插秧作业。

（2）插秧操作。下田作业前，再次对插秧机进行检查，并按农艺要求调整好纵向取苗量、横向取苗量、株距挡位，并预设插深（根据试插情况可再作必要调整）。

（3）补给秧苗。首次装秧，务必将苗箱移到最左或者最右侧，否则会造成秧门堵塞、漏插，甚至机器损坏。放置秧苗时注意不要使秧苗翘出、拱起。取苗时，把苗盘一侧苗提起，同时插入取苗板。水稻插秧机上有秧苗架，可平展放置秧块，供机器在田间加秧。机器作业时，随时查看秧苗情况，在秧苗超过秧苗补给位置之前，应给予补给。若在超过补给位置时补给，会减少穴株数。补给秧苗时，注意剩余苗块端面与补给苗块端面对齐。补给秧苗时，秧苗超出苗箱的情况下拉出苗箱延伸板，防止秧苗往后变曲的现象出现。

（4）划印器和侧对行器的使用。插秧机在插秧作业中，为保证作业质量和行走的直线性，在相邻两趟之间靠边行时，不出现空档、压苗的现象，可使用划印器（为保持插秧直线度）和侧对行器（为保持均匀的行距）。摆动下次插秧一侧的划印杆，使划印器伸开，在表土上边划印边插秧。划印器所划出的线为下次插秧的机体中心线，插秧时中间标杆对准划印器划出的线。侧浮板前上方的侧对行器对准已插好的秧苗行，并调整好行距。

（5）转向换行。当插秧机在田块中每次直行一行插秧作业结束后，按以下要领转向换行。

①将插秧离合器拨到"断开"位置，降低发动机转速，将液压操作手柄拨到"上升"位置，使机体提升。

②将手柄往上稍稍抬起（因液压动作开始，机体稍微往上升高），在这种状态下，握住要旋转一侧的转向离合器的同时扭动机体，注意使浮板不压表土而轻轻旋转。旋转时不要忘记折回划印器。

③旋转结束后，为达到正确的行距，侧对行器前端与已插秧的苗行对准起来。将液压操作手柄拨到"下降"位置，插

秧离合器手柄拨到"连接"位置，通过摆动要插秧一侧的划印器杆，以伸开划印器。

（6）插秧深度。插秧深度调节通常是用插秧深度调节手柄来调整，共有4个挡位。当这4个挡位还不能达到插深要求时，在下面三块浮板上，还设有六孔的浮板安装架，通过插销的联结来改变插深，需要注意三块板上的插销插孔要一致。插秧深度是指小秧块的上表面到田表面的距离，如果小秧块的上表面高于土面，插秧深度表示为"0"，标准的插秧深度为1cm。插秧深度在所插秧苗不倒不浮的前提下越浅越好。

三、水稻收获及秸秆处理

水稻收获机械化技术是使用收获机械在水稻成熟时对其进行收获及秸秆处理的技术，水稻机械收获包括收割、脱粒、清选、集粮、秸秆处理等作业。水稻收获对收获机械的要求：一是能及时收获。由于作物收获期短，要求收获机械可靠性好、生产率高。二是收获质量高。收获作业要求损失小、破碎小、含杂低。三是适应性好。能一机多用，可收获多种作物，并能适应不同种植方式。

第四节　谷　子

谷子去壳后即为小米，具有丰富的维生素及蛋白质，质地柔软，较易吸收，深受消费者的喜爱。谷子机械化生产技术的应用及推广取得了初步成效，在绿色种植技术支持下，谷子种植时对肥料和水的消耗量更少。

在实际生产中，需要从整地、播种、田间管理、肥水管理等多方面入手，进行机械化技术的改进及应用。现将谷子绿色提质增效机械化栽培技术的主要实施要点介绍如下。

一、整地施肥

谷子种植时对土地进行整地施肥是非常重要的，需要选择土层深厚且土质疏松、透气性好、坡度小于10°的塬地、川地或者沟坝地等进行种植。种植之前需要对土地进行平整处理，且以上茬作物为玉米或者豆类的种植茬口为最佳。谷子切不可重茬种植，如重茬种植将会导致病虫草害的发生概率增加，土壤营养成分失衡严重。在前一茬作物收获之后，可以对土壤进行深耕晒垡，接纳降水。如前一茬作物为玉米，需要使用旋耕机对土地进行旋耕处理；如该地块为休耕地块，上一年未进行农作物种植，需要在5月上旬进行整地和施肥，施入的底肥主要为氮肥、磷肥、钾肥、复合肥、益生菌，复合肥的施入量每亩一般控制在25kg，而益生菌的数量每亩一般在2.5kg；如为夏季播种，需要进行灭茬或者贴茬后种肥同播，每亩一般施入复合肥25kg配合益生菌0.2kg，以此来满足种植时的肥料需求。

二、轮作倒茬

谷子切不可重茬种植，如重茬一年其减产能够达到10%甚至20%，如重茬种植两年或以上将会导致谷子减产30%以上。倒茬种植能够有效提升谷子的产量及质量，如果无地块轮作，可每年施入益生菌2.5kg/亩，进行土壤营养调节，可以连续进行5年以上的种植，实现土壤的最大限度利用。

三、起垄覆膜

在谷子绿色提质增效种植中应用全膜双垄穴播技术，需要使用可降解地膜进行覆膜，以大小行起垄的方式进行种植。在垄沟内播种，每个种植带宽度为1.1m，每一条膜下种植2行，大行的行距一般在 80cm, 小行的行距一般在 40cm, 穴距需要达到 26cm 左右, 每一穴内留苗量为 6~8 株, 留苗量一般在 3 万株/亩。农家肥每亩施入量须达到 5 000kg, 同时配合施谷子专用肥 80kg, 在整地或者起垄时进行全田施入。使用宽 120cm 的可降解地膜进行覆盖, 膜与膜之间不需要预留空隙, 可每间隔 2~3m 进行土腰带横压。

四、适时播种

谷子播种时期的合理选择, 对于谷子的高产稳产也是非常重要的, 需要根据各地区的实际温度状况以及气候变化情况进行适当调节。温度稳定超过 10℃时即可进行播种, 一般于 4 月下旬至 5 月上中旬进行播种。如播种地区的积温比较低, 可以适当提早播种; 如积温较高, 则可适当延迟播种。播种时间过早会导致谷子花期恰好遇到雨季, 较容易出现花粉破裂, 不利于授粉质量的提升, 且秕粒比较多, 会直接影响谷子的产量; 播种时间过晚则会导致谷子的生育期变短, 同样不利于谷子产量的提升。

一般每亩谷子的播种量为 0.5kg, 要求在播种时对种子进行均匀施撒, 避免出现漏播现象。需要确保播种深浅一致, 播种深度需要根据各地区的土壤营养水平及肥力状况进行适当调节: 如播种地区的土地肥力较高, 其播种深度可达到 3~5cm; 如地块肥力较弱, 则需适当加大播种深度, 一般在 5~7cm。

五、田间管理

(一) 苗期管理

谷子出苗之后首先需要进行镇压蹲苗, 以避免出现谷子死苗现象。同时需加强对苗期生长情况的关注, 如发现存在缺苗或者断垄情况, 需要及时进行补苗, 补苗时可使用温水对谷子种子进行催芽，出芽后补种。如谷子成苗之后仍然缺苗，则需要进行苗株的调整移栽，确保全苗生长。

（二）拔节抽穗期管理

谷子拔节抽穗期需要重视追肥。一般谷子种植时如底肥施入充足，则无须追肥。如果出现缺肥情况，可在雨季进行追肥，每亩追施尿素 10~15kg 即可，如此既能够满足谷子根系的吸收需求，且不会造成浪费，有助于提升谷子的粒重。

（三）开花成熟期管理

谷子开花成熟期管理主要是减轻谷子叶片的早衰，同时提升谷子的粒重水平，加快营养物质的积累，保证谷子能够及时成熟，避免出现倒伏情况。谷子灌浆时期是其穗粒加重的关键时期，如果此时期根系生长不发达，抓根力下降，则很容易出现倒伏情况。

因此，需要在谷子种植时便选择抗倒伏能力强的品种，同时强化田间管理工作，谷子成熟后需要及时收获。

六、肥水管理

谷子属于绿色作物类型，其对于干旱环境及贫瘠环境的耐受性比较强，对于肥料的需求量相对较少，与玉米相比，其节肥率能够达到 30% 以上。如有浇水条件可在孕穗期进行一次浇水，并结合其生长情况适当追施尿素，灌浆期可以施入菌加钙等药物，加快植株的生长发育。需要根据地块的营养水平及微量元素需求进行施肥方式的合理调整。

七、益生菌应用

益生菌的应用能够有效避免因谷子重茬种植导致出现病害累积及土壤营养成分不足情况，有抗逆、防病的效果。每年每亩谷子的益生菌施入量一般为 2.5kg，连续施入益生菌，能够有效提升土壤中的有益菌群体量，通过有益菌的抑制，降低有害菌的大量繁殖及传播，能够预防病害的发生。益生菌的应用对于谷子自身发育机理的强化也有所促进，能够提升其授粉、受精及灌浆质量，提高千粒重水平，增加谷子产量。益生菌的使用能够实现对于土壤结构的改良，通过土壤团粒结构的调整，提升其保水、保肥性能，增强其抗旱水平。益生菌的应用还能够增强谷子根系的发育能力，提高其营养吸收水平，降低倒伏情况的发生。

八、统一适时机械收获

谷子收获时机械化技术的应用能够有效提升收获效率和质量，需要根据谷子的生长及天气情况进行统一收获。谷子有 95% 以上谷粒变黄即可进行机械收割，需要根据谷子的种植生长情况选择适合的收获机械，既要满足收获要求，又要避免对谷子造成损伤。

第五节 花 生

花生栽培田间机械化生产技术是用机械完成耕整地、覆膜、播种、植保、收获等农艺过程的技术。花生全生育期栽培环节多，播种和收获是花生生产过程中的 2 个重要环节，占用劳动力多，劳动强度大，而且作业效率低。

一、播种前准备

(一) 机械与人员准备

机械耕整配套机具为多功能灭茬旋耕机、耕整起垄一体机及耕翻起垄播种覆膜一体机等。与之匹配的拖拉机分别为动力

36 750W、51 450W 中型拖拉机及 13 230~18 375W 小四轮拖拉机，并经安全技术检验合格，技术性能良好，液压悬挂机构操纵灵活，位置准确，性能可靠。配套机具必须经过技术鉴定，有产品合格证、农业机械鉴定推广许可证、使用说明书等。拖拉机驾驶员必须经过专业技术培训，证照齐全，农田作业技术熟练，经验丰富。

（二）轮作换茬

花生忌重茬，夏花生以"三麦"、油菜茬为主。轮作周期为 2~3 年，轮作方式为小麦（大麦、元麦、油菜）—花生、豌豆（大板蚕豆、蔬菜）—花生等。

（三）地块选择

选择集中连片、地势平坦、排灌良好、有利于机械化作业的沙土、沙壤土田块。

（四）施肥

前茬收获后立即灭茬，随后施优质有机肥 22.5 ~ 30.0t/hm²、45%复合肥（15-15-15）525~600kg/hm²，有机肥不足的田块增施尿素 75~90kg/hm²。

（五）耕翻起垄

采用耕翻起垄一体机进行田间耕翻起垄。耕深 20~25cm，垄宽 75~80cm，高 12~15cm，垄面宽 45~50cm。要求翻垡良好，土壤疏松细碎，地表平整。垄高、垄宽均匀一致，垄沟笔直。

（六）覆膜

人工耙平垄面，清理垄沟，用 72%都尔乳油 1 500g/hm² 兑水 750kg/hm² 喷雾后覆膜。膜宽 90cm、厚 0.005~0.006mm。

（七）种子准备

剥壳前晒种 2d。选用同品种中均匀一致的双仁饱果、饱粒作种。用高巧种衣剂 40mL+50% 多菌灵可湿性粉剂 50g 兑水 150~200mL 拌种仁 12~15kg,晾干即播,避免堆闷。

二、播种

露地栽培可直接播种;覆膜栽培田块采用 4~5cm 宽的小锹垂直打孔播种。每垄播 2 行,每行距垄边 8~10cm,穴距 18~20cm,每穴 2~3 粒相间播种。

三、田间管理

一是提苗查苗。覆膜田块齐苗时注意提苗,将不能自行钻出膜外的幼苗人工辅助提至膜外,确保幼苗安全;露地栽培田块注意清棵。缺苗较重的田块立即补种、补苗。二是捉黄补瘦促平衡。出苗至初花期,田间生长不良或不整齐时,用稀粪水或 0.5% 尿素水 11.25~15.00t/hm² 点浇促平衡。花期采用惠满丰、健生素等叶面肥喷施促生长。三是中耕除草。露地花生苗期进行人工除草松土 1 次;中后期拔除田间杂草。四是化控防倒保稳长。株高 33~35cm 时,用花生超生宝 900g/hm²,或 15% 多效唑可湿性粉剂 600~750g/hm² 兑水 600~750kg/hm² 均匀喷雾控旺防倒。五是清沟理墒,能灌能排。苗期、中期、后期均需做好清沟理墒工作,并根据田间墒情进行合理排灌,保障土壤湿度分别为田间最大持水量的 55%~60%、60%~65%、50%~55%。

通过田间管理,花生植株直立,株型紧凑,结荚集中,株高 35~42cm,无倒伏和大面积倾斜。花生田间生长平衡,无杂草等其他杂物,以适宜机械收获。

四、耕整机械与技术

依照机械使用说明书及田间茬口实际进行田间操作。不同茬口田间耕整技术不同，"三麦"茬花生田间耕整在"三麦"收获后进行，田间秸秆还田量较大，将秸秆撒匀，施肥后选用耕翻、起垄一体机操作，再进行人工耙平、化除、覆膜、播种。油菜、豆类、蔬菜茬花生田间耕整在油菜、豆类、蔬菜茬在田作物收获后进行，宜选用耕翻施肥起垄化除播种覆膜一体机进行田间操作。

五、植保机械及病虫害防治技术

（一）植保及病虫害防治配套机具及方法

植保机械为中小型拖拉机配套的悬挂喷杆式喷雾机，也可以为机动弥雾机等。作业时按农艺要求、农药品种稀释药液，按照不同机型的使用说明进行花生病虫害防治，喷头与作物距离调至工作高度 40~50cm，以低速、匀速作业。

（二）病虫害防治

往年地下虫害发生特别严重的地块，用 40%辛硫磷乳油 4 500mL/hm² 兑水 60~75kg/hm²，拌入 300~375kg/hm² 细干土（沙）制成毒土（沙），均匀撒在地表，通过耕耱整地，翻入土中，实施对虫害的预防处理。苗期注意防治蚜虫，用 2.5%敌杀死乳油 300mL/hm² 或 10%吡虫啉乳油 150g/hm² 兑水 750kg/hm² 喷雾。中期密切关注斜纹夜蛾及甜菜夜蛾的发生与防治，可在 1、2 龄幼虫高峰期，用 3.2%苏云金杆菌可湿性粉剂 1 500 倍液，或 1.8%阿维菌素乳油 450mL/hm² 兑水 750kg/hm²，或 15%安打悬浮剂 240mL/hm² 兑水 900kg/hm² 喷雾。结荚期注意蛴螬的发生与防治，特别是未用种衣剂田块，更需高度重视防治，采用 40%乐斯本乳油 3 750mL/hm² 兑水 22.5t/hm² 逐穴点浇。

（三）病虫害防治作业质量标准

药液浓度配比正确，喷雾均匀、适宜，药液雾化良好。各喷头喷量均匀一致，有效覆盖密度雾滴不应少于 20 个/cm²。药液在植株上的覆盖率达到 100%，杀虫率 90% 以上。

（四）农药安全间隔期

花生收获前 25d 停止使用任何农药。

六、机械收获技术

（一）收获作业机具及方法

根据经济等条件，可选择分段式收获模式或联合收获模式。分段挖掘收获时，可选用 4H-800 型、4H-1500 型分段收获机或者 4H-2 型花生收获机，完成花生挖掘、清土和铺放工序；然后可选择 4HB-2 型半喂入花生摘果机进行鲜摘作业，也可选择将花生秧在田间或场地晾晒干燥后，选择全喂入式花生摘果机进行摘果作业。土壤湿度在田间最大持水量的 55%以下、经济条件允许时，可选用国内自主研发的花生联合收获机械，包括 4HLB-2 型半喂入花生联合收获机、4BHL-2A 型和 4BHL-4A 型花生联合收获机等。

（二）机械作业质量要求

对于适时收获的花生，采用分段挖掘收获时，作业质量应满足《花生收获机　作业质量》（NY/T 502—2016）要求；采用鲜摘或全喂入干摘时，作业质量应满足《花生摘果机　作业质量》（NY/T 993—2006）要求；采用联合收获时，应要求总损失率在5.0%，其中摘净率≥98%，破损率≤2.5%，含杂率≤3.0%。

第六节　大　豆

一、播种及播种机

播种是大豆生产过程中的重要环节之一，农业技术对机械播种的要求是：苗全、苗齐、苗匀、苗壮。机械播种可以加快播种进度并提高播种质量，大豆常用的播种方法主要有条播、穴播及精量播种。

（一）条播

条播是将种子播成条行，条播时覆土深度一致，出苗整齐均匀，播种质量好。

（二）穴播

穴播是在播种行内将单粒或多粒种子点播成穴，并使穴距相等，较条播法节省种子并减少间苗工作量。

（三）精量播种

精量播种是将精确的种子准确地分配在行中，并控制其播种深度，其特点是播种量精确、株距精确和播深精确，为种子创造均匀一致的发芽环境，可以节省种子和省掉间苗工序，因而省工，但必须保证种子发芽率。

（四）播种的农艺要求

播种的农艺要求包括播量、行距、株距（或穴距）、播种均匀度、播种深度、覆土深度及压密程度等。我国东北地区大豆播量为 $45 \sim 135 \mathrm{kg/hm^2}$，播深 $3 \sim 6 \mathrm{cm}$，苗幅宽 $8 \sim 12 \mathrm{cm}$，行距 $60 \mathrm{cm}$、$65 \mathrm{cm}$ 或 $70 \mathrm{cm}$，穴距 $24 \sim 25 \mathrm{cm}$，播后要覆土、压密。

（五）对播种机的要求

（1）能控制播量和施肥量指标，务使排量准确可靠，保证行内均匀、行间一致。

（2）播深和行距应保持一致，种子必须播在湿土中并覆盖良好，根据具体情况予以适当镇压。

（3）播行直，地头齐，无重播漏播，不留边丢角。

（4）通用性好，不损伤种子，调整方便可靠。

（六）播种机的类型

按播种方法分为条播机、穴播机和精量播种机 3 种基本类型。若在播种同时进行施肥，则所用机具称为播种施肥机，或称联合播种机。播种机也可按驱动型式或工作行数分类，如畜力、机引、悬挂、半悬挂式播种机；单行、双行、6 行、16 行、24 行播种机等。播种机还可按主要工作部件的工作原理进行分类，如离心式、气力式播种机等。

（七）播种机的构造及工作过程

播种机一般由排种器、开沟器、输种管、覆土器和镇压轮等工作部件以及机架、种子箱、传动装置、调节机构、起落机构、行走轮和划行器等辅助部件组成。在联合播大豆优质高效生产技术种机上还设有施肥箱、排肥器、排肥管等。

工作时，开沟器开出播种沟，排种器将种子箱中的种子按要求播量排出，经输种管播入种沟中，再由覆土器覆上土。有施肥装置的播种机上，按要求的施肥量与种子一起或分别落到种沟内，再用覆土器覆土。有时需要播种、覆土后再进行压实。

（八）播种作业

为了优质、高效、不违农时地顺利完成播种作业，必须认真作好田间准备、种子清选以及机具检修和调整等各项准备工作。

1. 作业方案

按照田块情况确定机组编组方案，按实际情况使用牵引式播种机。当田块小而分散、道路条件较差时，采用单台联结方式；而当田块大而集中、道路规划较好时，可以联结两台或多台播种机进行作业。

2. 播种机组运行方式

大豆播种一般采用梭形播种法，机组沿田块一侧开始播种，播完一个行程后，在地头转一梨形环结弯，紧挨上一行程反向行进。优点是田块无须区划，运行简便，但地头留得要宽，转弯空行时间多。

3. 确定加种点的位置

根据地块长度、计划公顷播量、播种机的工作幅宽和种子箱的容积，计算出加种地点。即先计算出每一往返行程应播种子量，再根据种子箱容积确定几个往返行程加一次种子，定好加种点位置和每次每台播种机应加种子重量。

为提高工作效率保证播量准确，应采用等距插旗（定点）、见旗送种、定量装袋和往复核对。加种点的位置一般设在地头一端，地块较长，播种机种子箱容种量不足一个往返行程时，也可设在地块两端。

（九）播种机具的检查和调整

1. 播种机具技术状态

认真检查机具各零部件是否完好、装配是否正常、紧固件是否上紧，发现问题及时处理，并给各润滑点加足润滑油，进行试运转，务使保持正常的工作状态。

2. 播种机具的调整

（1）行距的调整。首先根据开沟器梁的长度和农业技术要求的行距大小，确定需安装的开沟器数，安装好开沟器。若为单数，则先在开沟器梁正中间安装一个开沟器，然后按前、后列相间的原则，逐次向两侧安装；如为双数，则在开沟器梁中点左、右两侧各半个行距处先各安装一个开沟器，然后再隔一个行距逐次向两侧安装。装好后将开沟器落下进行测定，如不符合要求，则进行调整，直至完全符合要求为止。

开沟器安装好后，相应调整升降臂在升降方轴上的安装位置，将输种管下端依次插入开沟器的导种管内。

大豆播种机开沟器的安装位置，也按农业技术要求的行距确定，但如计划使用履带式拖拉机进行机械中耕时，在履带运行位置应留出链轨道，同时应当注意使播种机与中耕机工作幅宽相同，或等于中耕机工作幅宽的整数倍，以免中耕时伤苗。

（2）播种量的调整。排种量不但要符合计划播量的要求，而且各行排种量必须保持一致。因此，对于各个排种器应当进行必要的调整，调整方法因排种器型式不同而异。

播种量主要在于控制每穴种子粒数和计划穴距。每穴排种粒数决定于种粒的大小和排种盘槽孔的规格。因此，只要根据每穴计划排种粒数选取具有适当规格槽孔的排种盘即可。选择的方法是将排种盘置于平面上，用手挡住槽孔外缘，把拟播的种子撒入槽孔。若每个槽孔所容纳的种子粒数和每穴计划排种粒数相同，即为合适。

穴距大小和排种盘的槽孔数、地轮直径、排种轴的传动比有关，其中地轮直径为定值，因此可通过更换具有不同槽孔数的排种盘或改变排种轴的传动比，来满足计划穴距的要求。

（3）开沟器入土性能和开沟深度的调节。开沟器是依靠自重或弹簧压力（或配重）入土的。弹簧压力越大，入土性能越好。可视土壤坚实情况酌情调节弹簧压力，调节方法是大豆播种机压缩弹簧下座在导杆上的固定位置越高压力则越大，开沟深度的调节，开沟深浅调节机构手轮越向右转，对弹簧的压力越大，则开沟越深。限深板固定位置越高，开沟深度也越大。

（4）覆土量的调节。倒"八"字形覆土器的覆土量，一般可通过改变覆土板与机架的相对高度和左右覆土板的开度进行调节，覆土板柄（架）上的销连孔位越高，覆土板的开度越大，覆土量则越大。

（十）种子的准备

应该根据播种任务准备足够数量的种子。所用种子要进行清选、包衣处理和发芽率试验，确保苗全、苗齐、苗匀和苗壮。

种子必须经过筛选除去杂质和畸形（特大或特小）种粒，若为精量穴播或单粒精量条播所用的种子，则必须根据种粒外形大小，进行精选分级，分批播种。

种子包衣是从拌药发展而来的，用于将种衣剂包敷在种子表面，形成一层有较强附着力的硬膜。种衣剂由特定种类和比例的农药、化肥、生长激素、增氧剂、吸湿剂和填料，以及适量的防腐剂、警戒色素和配套助剂等构成。将经过包衣的种子播入土中，种衣剂开始吸收水分，缓慢释放，为种子提供良好的发芽环境和苗期生长条件，能大幅度提高种子质量。

（十一）机组联结

一台播种机与拖拉机联结时，应使二者的中心线对正，且使播种机前后、左右保持水平状态；多台播种机与拖拉机联结作业时，应使其左右对称。

牵引机组可通过牵引环在牵引板上的销连孔位进行调整，使播种机前后保持水平状态。悬挂机组可通过调整拖拉机悬挂上拉杆的长度进行调节，其左右水平，可利用调节拖拉机悬挂装置吊杆长度进行调整。为使机具左右保持仿形性能，拖拉机悬挂装置的吊杆接头应放在长孔内，工作时，应把液压操纵杆放在浮动位置。

（十二）试播校核

播种作业开始时，应先实地试播，扒土检查，检查每穴种子粒数和穴距大小及播量是否符合要求，播种深度和覆土厚度是否合乎标准，发现问题，及时处理，反复调整，反复试验，直至一切全都符合要求时，方可正式开始播种作业。

（十三）播种作业应注意的事项

（1）经过试播确认无误时方可开始播种作业。

（2）必须定点定量加种。

（3）牵引式播种机播种时，行进中不得随意停车和向后倒退；因故非停不可时，在重新开动前，必须预先在各行开沟器前约半米范围内撒布种子，防止漏播。若为悬挂式播种机则应将其升起，后退一定距离，再继续播种。

（4）经常注意观察和检查排种器、排肥器、传动机构工作是否正常，开沟器和覆土器等是否有缠草壅土现象，开沟深度、排种量和排肥量是否符合要求并且相互保持一致，种子覆盖是否良好。发现问题及时排除。

（5）播完一种作物，必须认真清理种子箱，以防种子混杂。

（6）加强联系，保证安全，驾驶员和农机手之间应规定好联系信号和必要的安全措施。

（十四）播种深度检查

检查时按田块对角线方向选点（不少于 10 个点）测定，求其平均值，与技术要求播深相对比。

（十五）穴距、每穴下种粒数和漏播率检查

检查时，小心地扒开播行覆土，使种子露出，逐穴检查种子粒数并测量穴间距离。每行应选 3~5 个测点，每个测点长度不应小于规定穴距的 3 倍。

二、中耕及中耕机械

中耕是大豆生长期间进行田间管理的重要作业项目，其主要目的是消灭杂草、疏松表土、切断土壤毛管水、蓄水保墒和培土，为大豆生长创造良好的条件。中耕作业分为全面中耕和行间中耕，我国主要进行行间中耕。行间中耕包括除草、松土、培土和间苗等工序。

（一）中耕的农业技术要求

（1）除尽行间杂草，但不伤害大豆植株和根系。

（2）土壤松碎良好、位移少。

（3）将土壤培到大豆根部，但不得压倒作物。

（4）间苗时应保持株距一致，不伤苗，不松动邻近植株。

（二）大豆中耕机的类型

按工作部件的型式可分为锄铲式和回转式中耕机。

我国北方较普遍采用垄作七铧犁（或五铧犁）及播种中耕通用机。可以进行起垄、播种、行间中耕、施肥等作业，实现了一机多用，还有的通用机只用于起垄和中耕。

（三）中耕机的安装

1. 中耕行数

根据确定的工作幅 B 和作物的行距 b，计算出中耕行数 $n = B/b$，中耕部件的组数为 $n+1$。

2. 轮距

确定中耕机的轮距 x，一般 $n = 2/3B$。

3. 划出中耕机主梁中线

与中线对称地划出机轮和各工作部件的安装位置，并与主梁中线相对应在地面上划出中线、苗行位置线和护苗带的宽度。

4. 安装

将机架垫高（悬挂式中耕机可利用拖拉机悬挂机构将机架悬起），按确定的位置装上机轮，并在机轮下垫厚度相当于中耕深度减去机轮工作中下陷到土壤中的深度（2～2.5cm）的木块。有操向机构的中耕机，这时操向机构应处于可使机轮有左右摆动量相同的位置。

将各仿形机构安装到指定位置（对 BZT-6 和龙江-1 播种中耕通用机具的仿形机构，应将它们分装于机器两侧）。凡有仿形轮的应将其调高，并垫以厚度相当于要求的中耕深度减去仿形轮工作中下陷深度（1～2cm）的木块。在拖拉机和中耕机地轮轮辙的后方的行，则应适当加大此尺寸，使该行的工作部件入土深度较其他各行稍大。将选定的工作部件按排列要求铲底或铧尖贴地安装到仿形机构后方的横臂和纵梁或只在纵梁上。有起落机构的中耕机，这时起落手杆应处在齿板的中间位置。

5. 调节

调节工作部件使其保持合适的入土角。悬挂式中耕机，通过调节拖拉机悬挂机构上拉杆的长度可调整整台机器工作部件的入土角。单组工作部件的入土角，对仿形机构为平行四杆式的是通过调节四连杆的上连杆的长度来调整。一般当四连杆处于平行四边形时，工作部件的入土角是正确的。但有时需要根据土壤干硬程度作适当调整；单点铰连式仿形机构，如 ZW-4.2 中耕机，其工作部件对拉杆的相对位置可调整，后列工作部件又可作单独调整，以期达到前后列工作部件合适而又一致的入土角。对具有补助弹簧的仿形机构，应分别调节达到各组弹簧压力一致，最后反复升降工作部件，观察各工作部件是否降落在指定位置。

6. 试耕

按以上要求安装好的中耕机，还要经过田间作业条件的考核。在试耕中，检查各工作部分安装位置的正确性，发现问题及时解决，然后才能正式投入作业。

三、机械收获与收获机

（一）大豆收获的主要方式

收获是大豆生产中的重要环节，适时收获是确保大豆丰产丰收的必要条件。由于大豆的收获期较短，人工收获劳动强度大，大豆机械化收获要求十分迫切。大豆收获主要有分别收获法、分段收获法和联合收获法3种。

1. 分别收获法

人力或机械分别完成收割、捆束、运输、脱粒、分离等各项作业，此法所用机械构造简单，投资费用少，缺点是劳动生产率低，收获损失较大。

2. 分段收获法

分段收获法是在大豆完全成熟之前就用割晒机收割，经几天晾晒后使大豆后熟和风干，再用联合收获机捡拾脱粒的方法。分段收获法损失小，延长了收获期，收获的大豆色泽好、品质高、无青豆，"泥花脸"率低和破碎豆少。缺点是两次作业机器行走部分对土壤破坏和压实程度增加，油料消耗增多，如遇雨天大豆易长霉和生芽。

3. 联合收获法

利用谷物联合收获机在田间一次完成收割、脱粒、分离和清粮等作业，收获总损失小。必须在大豆完熟期进行，谷物联合收获机经适当的调整、改装或更换大豆割台后才进行收获。

（二）收割机的种类、结构

按放铺方式不同，可分为收割机、割晒机。

收割机收割时将谷物茎秆切断，并在输送茎秆至机外的过程中，使茎秆头尾整齐与机器前进方向几乎呈垂直状态条铺在留茬地上，或呈间断性条堆在留茬地上。

割晒机收割时将谷物茎秆切断，并在输送茎秆至机外的过程中，使茎秆头尾交接顺机器前进方向条铺在留茬地上，适用于装有捡拾器的谷物联合收获机捡拾脱粒。割晒机的割幅一般在 4m 以上，可以和谷物联合收获机的两段联合收获法配套使用。

按割台形式不同，可分为立式割台收割机和卧式割台收割机。

立式割台收割机割台为立式，谷物被切断后，茎秆呈直立状态被输送装置送出机外铺放在留茬地上。

收割机悬挂在拖拉机前面，通过升降机构，使收割台上升或下降。收割台上升时，传动三角带放松，动力分离；收割台下降至工作位置时，传动三角带张紧，动力结合。调整升降拉杆长度可改变割台离地间隙，控制割茬高度。

机器前进时，由收割台前面的分禾器和小扶禾器将谷物分开，扶禾星轮在下输送带拨齿带动下将谷物扶起并拨向收割台，谷物被切割器切割后，已割谷物茎秆由上、下输送带拨齿与扶禾星轮夹持侧向输送，压力弹簧则使谷物茎秆在输送过程中紧贴挡板，不致前倾，保持直立状态。当谷物茎秆输送到割台侧端时，就离开输送带，依先后顺序与机器前进方向约成90°，头尾整齐地条铺在留茬地上。

卧式割台收割机割台为卧式，谷物被切断后，茎秆卧倒在割台上被输送装置送出机外铺放在留茬地上。

卧式收割机一般由分禾器、拨禾轮、切割器、输送装置、传动系统、机架和悬挂升降机构等部分组成。

四、大豆清选及清选机

(一) 大豆清选原理及方法

种子的生物学特性和物理特性有着紧密的相关性。凡是充分成熟、颗粒饱满、表面圆滑、密度较高、尺寸较大的种子一般生物学特性均优良。因此，可以利用大豆与杂物或大豆之间的不同特性，采用不同的原理来分离。最常用的是大豆和杂物的尺寸和空气动力学性质、表面性质和比重等。利用大豆和杂质间的不同特性选定相应的机具进行分离清选的机械总称为清选机，其中仅能粗略分离杂物的称为初选机或清选机；有的机器不仅能清选，还能分级的，称为复式清选机或精选机。

较常用的分选原理有风选、筛选、窝眼选、比重选和形状选等。比重选实际是按密度差异清选，窝眼选、比重选等一般都在风选和筛选之后进行，有时也称作精选。

(二) 风选的原理和机具

利用风力可以将大豆分成轻、重不同的等级。依其重量和对气流接触面的大小而不同；重量小体积大被风吹走，重量大体积小就可以落下。这样利用风力将谷粒和混杂物按重量不同而分离。

利用气流吹移依重力下落的谷粒或混合物的距离来进行清选。采用这种方法分离有两种形式：一种是倾斜气流，另一种是垂直气流。

利用倾斜气流来分离时，用筛子和风扇配合，在筛下斜向吹风，或对落下的谷物斜向吹风。这时被吹的物体，依其断面积、重力、阻力系数的不同，被气流移运的距离也不等，依此距离的远近进行清选和分等。越轻移运越远，配合筛子时，可将轻杂物吹出筛外。

利用垂直气流时，根据流体力学原理，当流管的断面积改变时，流体的流速也要随之改变，断面积加大，速度减慢。产生垂直气流的方法有两种，一种是用压气风扇造成压出气流，另一种是用吸气风扇造成吸入气流。

在垂直上升气流风道中，作用在谷粒上的力，有重力 G 及空气动力 R，当 $R>G$ 时谷粒上升；当 $R=G$ 时，谷粒悬浮在空间。此时风道内的风速称为临界速度。显然，风速大于谷粒的临界速度时（$R>G$），谷粒上升，反之，谷粒下降。因此，如果两种不同谷粒的临界速度不同，在风道内采用介于两者之间的风速，就可以把它们分离。

气流风选应用的风扇一般为中压或高压风扇。其特点是叶片较多，轮叶宽度较小，机壳为蜗壳形，转速较高。

(三) 筛选的原理和机具

筛选法是使混合物在筛上运动，由于混合物中各种成分的尺寸和形状不同，就有可能把混合物分成通过筛孔和通不过筛孔两部分，以达到清选目的。目前机器上常用的筛子有编织筛、鱼鳞筛和冲孔筛，这 3 种筛子各有优缺点，应根据工作要求来选用。

第七节　油　菜

一、油菜直播机械

(一) 油菜机械化直播技术

油菜机械化直播技术是通过机械装置代替人工，将种子播到种床中，包括耕整地、开沟、播种、施肥、覆土等工序。机械化直播主要包括两个方面：种床整理技术与装备和播种技术与装备。根据种植模式，播种技术与装备可分为机械化撒播、机械化条播和精量播种。

机械化撒播是通过机械装置模仿人工撒播来实现的，最早用于小麦、牧草等作物的播种，属于较粗放的播种方式。常用的撒播机利用高速旋转的甩种装置产生的离心力将种子撒出。对未发芽的种子通过低压气流对种子进行喷撒也可以完成种子的撒播。撒播作业速度快，效率高，机具结构简单，可节约生产成本。但撒播过程中受甩种装置工作转速的影响或低压气流的稳定性影响较大，撒播的油菜种子无序生长，难以实现高产稳产。

机械化条播通过机械将种子成条播入土壤中。条播机应用最广泛的是外槽轮式排种器，能用于各种粒型的光滑种子，如麦类、豆类、玉米、高粱及油菜等作物，其中以播麦类、高粱等粒型的种子效果最好。现用的油菜条播机大多根据稻麦条播机改制而成。成行条播，通风透光好，便于中耕除草等田间管理，利于油菜联合收割机作业。有研究表明，油菜机械化条播与撒播相比，每公顷可提高产量450kg左右，节约油菜种子4.5kg左右，技术简单，操作方便，但因油菜籽粒径小、质量轻，条播作业时播种量难以精确控制，为保证出苗的密度，条播时通常采用油菜籽与化肥或炒熟种子混合播种的方式。此外，条播属于半精量播种，行内植株的株距难以保持均匀一致。

精量播种，即按照油菜生产要求的株距、行距，采用精量排种装置，将种子均匀播入苗床中，实现定量、定距。与半精量条播相比，精量播种可提高种子田间分布的均匀性，使田间植株分布均匀，实现合理密植，有利于苗株生长，克服了撒播、条播苗期苗株争肥、争水和争光的弊端。精量播种精度高，甚至能够精确控制至每穴一粒的播种数，将种子的用量控制在最小，并大幅度地减少后期补苗间苗的工作，可以大量节约种子。

通过功能模块化设计，将种床整理与精量播种等集成，形成可实现旋耕、灭茬、开沟、施肥、播种、覆土及封闭除草喷施、滴灌带铺设等多项作业的联合作业机具，能够一次性完成油菜直播的多道工序，省力、省工、省种、省肥效果显著。

（二）油菜直播机械关键装置

排种器是播种机的核心装置，其排种形式和结构原理决定了播种机的结构与布局。油菜籽属于小粒径种子，质量轻、球形度高、流动性好，种子含油量高、抗剪切强度差，排种过程中易破损，易黏附堵塞排种器型孔，排种器排种性能的好坏影响播种机的作业性能。

排种器分类标准较多，按播种方式可分为撒播、半精量条播、精量穴（点）播排种器等；按排种形式分可分为单体式排种器和多行集排式排种器，其中单体式排种器是指"一器一行"的排种器，集排式排种器是同时进行 3 行或 3 行以上的多行排种的排种器。不同播种方式、不同排种形式的排种器按排种原理可分为机械式排种和气力式排种两大类，其中机械式排种器是指种子从种箱中分离出来，充种、清种和卸种等环节主要靠种子自重或机械装置作用力来完成；气力式排种器通常是通过拖拉机动力输出带动风机，产生真空吸力或空气压力，完成充种、清种、卸种等环节。另有采用其他新原理的排种技术，如通过机械先将种子按设定的间距和粒数置入水溶性或分解性纸带，预制成种子带，然后按设定的深度埋入种床中，种子发芽率高、出苗整齐，可以实现油菜的精密播种，但投入成本较高，前期种子带的准备较复杂，目前主要应用于种子成本大和附加值高的蔬菜和人参等特种经济作物上。

(三) 油菜直播机具

机械化播种能够大幅度降低劳动强度，提高生产效率，并能保证田间出苗的均匀性和一致性，充分利用生长空间，有利于提高产量。最早在我国宋代所刊《天工开物》就有记载以牛为动力的机械化播种装置，主要用于麦、粟、高粱等作物的播种。在欧美等国，最早由杰斯洛·图尔 (1674—1740) 发明以马为动力的机械化播种装置，可用于小麦、萝卜、豌豆等作物的播种。

从工业革命至今，随着科学技术的发展与进步，畜力驱动的播种机械已经被内燃机、电力驱动替代，播种机的功能也由单一的播种向旋耕、开沟、施肥等多功能集成化发展。良好的播种机应适合农艺及经济两方面的要求，在农艺上，要求播种行距一致，播种深度一致，并符合种子发芽、生长要求的深度；播种量满足农艺上的植株要求，且要均匀一致；播种过程中不出现种子破损、漏播；机具有良好的可靠性和适应性。从经济性角度考虑，要求播种量容易调节，并可靠稳定；开沟及播种深度便于调节；操作调整以及检修容易。

二、油菜移栽机械

(一) 油菜移栽的含义

油菜移栽包括育苗、输送、取苗、送苗、分苗、开沟、栽植、覆土、镇压、浇水、施肥等工序，另外，还需根据田地情况进行不同程度及方式的种床耕整，是一个复杂的系统工程。整个系统实现生产机械化包含 3 个方面：育秧装备和技术、整地装备和技术、移栽装备和技术。其中机械化移栽装备按自动化程度可分为手动移栽机、半自动移栽机和全自动移栽机；按栽植器形式可分为钳夹式、吊篮式、挠性圆盘式、导苗管式和鸭嘴式。油菜机械化移栽技术按苗形态分类主要有两种：一种是裸苗移栽，即将适龄苗从苗床取出，根部裸露，移栽入土，育苗较为简单，但栽植后缓苗期较长；另一种是营养钵育苗移栽，包括单钵式和育苗盘式营养钵育苗，移栽时将整个营养钵一起取出移栽到大田中，对苗体损伤较小，移栽后基本不缓苗，但育苗相对复杂。无论是裸苗移栽还是营养钵育苗移栽，由于其工作的对象为具有生物特征的幼苗，幼苗本身的柔嫩性、娇弱性以及移栽过程运动轨迹的复杂性等原因，使油菜移栽机械相对于其他农业机械发展较晚，主要技术源于花卉、烟草、蔬菜等高附加值经济作物的移栽技术与装备，并进行了适应性改进。

（二）油菜移栽机发展趋势

我国油菜移栽机的研究和应用还存在许多问题：移栽机的研制与农艺不协调；过多地借鉴国外机型，缺少适合我国国情的特色机型；目前的一些机型移栽质量不稳定；现有的半自动移栽机功能单一，通用性差；自动化程度较低等。纵观国内外油菜移栽机的发展历程，通过对各种类型移栽机的对比分析，我国油菜移栽机的研制必须加强与农艺的结合，研制适合农艺要求的移栽机械，在目前半自动化机械的基础上，对制约生产效率的关键部件进一步研究。如目前的喂苗机构过多依赖人工，制约了生产效率，增加了劳动强度，应该加快开发以机械自动喂苗为主、人工为辅的机械。由于目前的移栽机通用性差、功能单一，应研究能适应多种作物移栽作业的机具，提高移栽机的利用效率，降低作业成本。

三、油菜收获机械

油菜植株高大，分枝众多且相互交错缠绕，籽粒小，角果分布范围大，单株成熟度不一致，成熟果荚易炸荚。由于油菜生产农机农艺脱节、栽培技术不适应机械化等生产实际问题，机械化收获虽然已经成为油菜生产全程机械化的重要环节，却也是最难实现的环节之一。

（一）油菜联合收获机

联合收获指在油菜成熟度达到 85%~90% 时，在田间一次性完成切割、脱粒、分离、清选和秸秆还田。具有省时、省力、降低劳动强度、减少生产成本、提高生产效益等优点，尤其有利于抢收。选择适宜的联合收获时机，可有效降低秆粒损失率。

我国自 20 世纪 60 年代起在油菜种植面积较大的江、浙、沪油菜种植地区开展了油菜联合收获机的研制，主要是将技术较为成熟的稻麦收割机应用于油菜联合收获，但存在损失率大的问题，影响油菜的单位面积产量，造成高产低收。从 1998 年开始，我国农机推广部门大规模开展了油菜机械化收获试验，并对联合收获机的割台、脱粒分离、清选等部件进行改进设计以提高其适应性，相关农机化研究所与部分高校在改进国内油菜联合收获技术及引进借鉴国外先进技术的基础上，研制成功了收获性能较优的油菜联合收获机。

油菜分枝多、花序长，生育后期植株倾斜，导致茎秆分枝相互交错，收获时易引起联合收获机拨禾轮的缠绕及割台的堵塞等问题。同时，拨禾轮及切割器的作用易使果荚及油菜籽脱落，因此，油菜联合收获机侧边一般安装有立式割刀，将待割区油菜与未割区油菜切分开来，减少由于油菜茎秆交缠引起的落粒损失。油菜茎秆较为粗高但果荚容易被脱粒，传统稻麦联合收获机脱粒油菜时存在易堵塞、功耗较大等问题。

油菜联合收获机的基本要求包括：收割效率高，无漏割；割茬整齐且保证所有分枝全部切割，割茬上不存在未切割的分枝；对植株打击缠绕作用小，掉落的油菜果荚少；脱粒干净，清洁率高，损失率小；茎秆切碎粒度合适，抛撒均匀；适应性好，可适应成熟度及含水率不一致的油菜植株收获。

（二）油菜分段收获机械

油菜分段收获是一种先割晒再捡拾、脱粒的收获方式。在油菜的角果成熟前期（大约七成熟时）用割晒机或人工将油菜割倒并铺放于田间，晾晒至七八成干时，由捡拾脱粒机将已晾晒好的油菜植株均匀喂入割台里，实现油菜的捡拾、脱粒及清选，割晒机在田间作业时要求性能稳定、铺放有序、操作方便，对油菜品种适应性高。捡拾器作为捡拾脱粒机的主要装置，很大程度上决定了收割机的工作性能和作业效果。因此，要求捡拾器可挂接自走联合收割机达到捡拾、输送无缝衔接，确保作业流畅，减少回带、炸荚损失。

1. 割晒机类型

割晒机根据底盘形式的不同，可分为轮式及履带式；根据输送及铺放方式的不同，可分为拨指输送链式及立辊与输送带共同作用式；根据铺放角度的不同，可分为立式割台和卧式割台；根据幅宽的不同，分为 1.8m、2m、2.9m 等不同幅宽。代表机型有红星农业机械制造公司等研制的 4SZ-4200 型油菜割晒机、黑龙江红兴隆机械制造有限公司研制的 4SZ-4.2 型自走式割晒机。

2. 捡拾脱粒机类型

人工或割晒机收割的油菜铺放于田间，自然晾晒至全熟时，使用捡拾脱粒机将已晾晒好的油菜植株均匀喂入到割台中，实现油菜的捡拾、脱粒及清选作业。油菜捡拾脱粒机按捡拾器形式的不同可分为弹齿滚筒式和齿带式。弹齿滚筒式捡拾装置由装有弹齿的滚筒来捡拾，由于弹齿有弹性，所以对物料的冲击作用较小，落粒损失较少。齿带式捡拾器由于无缝隙，弹齿密集且触地捡拾，损失率相对较低。

四、油菜籽产后采收技术与装备

（一）油菜籽产后清理技术与装备

我国的油菜收获主要为人工收割与农机协作方式，收获的油菜籽中含有各种杂质。为使油菜籽能够长期储藏，通常应将杂质重量控制在 0.2% 以下。传统的产地清理方法主要是通过风扬、简易清理筛等手段清除泥沙、秸秆等杂质，效率较低，无法满足生产作业要求。

组合式精选机是集风选、除尘、比重选、筛选、分选、提升等于一体的移动式装备，符合我国大部分地区油菜籽产后清理需求，单次加工即可去除作物中的颖壳、粉尘、轻杂、霉变粒等杂质，同时将物料分为大粒和小粒，并从不同的出口排出。

（二）油菜籽产后干燥技术与装备

油菜籽收获后应及时干燥，以避免变质，从而对制油及其他应用价值产生影响。长期储存时需要将水分控制在 8% 以下。传统的"晒场"式的自然干燥方式，费地费时，且受天气影响很大。为保证干燥质量及效率，必须采取人工干燥的方式，主要形式为热风干燥。常用的热风式干燥机有固定床仓式、空心桨叶式、滚筒式、流化床式、混流式等。

五、油菜籽加工技术与装备

（一）现有油菜籽制油技术

传统的油菜籽油提取工艺主要为一次压榨法和预榨—浸出法两种。一次压榨法采用压榨机进行一次性的深度压榨，获得的油和饼的质量较差。预榨—浸出制油法是采用压榨机先将

60%以上的油菜籽油挤压出来，然后用有机溶剂浸提压榨饼，浸出后的菜粕残油一般在1%左右，该技术是目前国内外最为成熟的油脂工业化生产方法。预榨—浸出法主要目的是提高出油率，因此毛油和菜粕的质量不高，而且能耗和成本高。

近年来，膨化技术已逐渐应用于油料预处理。油料膨化是指原料在膨化机内受到剧烈揉搓、挤压等作用下摩擦生热，在达到一定的压力和温度的状态下被释放出来，使物料的细胞组织被彻底破坏，形成多孔性膨爆结构。目前，研究人员在预榨—浸出法的基础上形成了膨化浸出技术。

膨化取代了传统工艺中的蒸炒和预榨工段，可降低能耗、增加产量，同时提高油和菜粕的质量。油菜籽膨化制油工艺的关键在于膨化机的性能。有研究表明膨化菜粕残油为1%，膨化脱皮菜粕残油为1.5%。

（二）油菜加工技术与装备

目前油菜籽加工技术主要采用一次性压榨方式，其工艺包括原料清理、炒籽、压榨和简易精炼。该技术主要应用于农村家庭式的小油坊。常见的装置有圆筒式和螺旋式。

（三）规模化油菜加工技术与装备

1. 轧胚机

轧胚是指采用轧胚机将破碎、软化后的油料碾轧成薄片，其目的是破坏油料细胞同时提高接触表面积，提高后续压榨和浸出的出油率。油脂工业常用的轧胚机主要有并列对辊式、双对辊式和直立式辊式。其基本构造包括喂料机构、轧辊、轧距调节机构、刮料板、机架和传动系统。

2. 蒸炒锅

蒸炒锅是将轧胚后的生胚经湿润、蒸炒而制成熟胚的加工设备，以满足后续压榨或浸出的工艺要求，其作用可以归纳为

"凝聚油脂、调整结构、改善油品"。蒸炒锅也可兼作软化锅使用，油料经过软化可提高轧胚质量，提高出油率，改善毛油质量，是油厂用于植物油料预处理的关键设备之一。

3. 榨油机

榨油机分液压榨油机和螺旋榨油机，油菜籽压榨主要采用螺旋榨油机。螺旋榨油机根据螺旋轴数目分为单螺旋、双螺旋和三螺旋，主要结构包括传动装置、喂料装置、榨油装置、出饼装置等。根据压榨工艺，螺旋榨油机可分为全压榨油机和预榨榨油机两大类。全压榨油机主要用于油料的一次性压榨，而预榨榨油机则用于高油分油料浸出前的预压榨。

螺旋榨油机的工艺参数主要有榨料的温度和水分、螺旋轴转速、饼残油、压榨比、榨膛压力等。工作时，电机带动螺旋轴，榨料（油菜籽）在螺旋轴作用下不断向前运动，榨膛空间体积则逐渐减小，油脂在榨膛及榨料间的作用下被挤压出来。油脂从榨笼的缝隙中流出，菜粕则从榨膛的末端排出。

螺旋榨油机的工作过程可分为进料段、出油段和成饼段。进料段主要是推动油料向出油段运动，出油段油料在榨膛内受到强烈挤压，排出大量的油脂；成饼段即油料形成块状菜粕并从榨膛末端排出的过程。为将菜粕的油脂沥干及防止回吸，出油段仍需保持较高的压力。

4. 挤压膨化机

油料挤压膨化是在油料浸出前对料坯或预榨饼进行膨化处理的工艺过程，20 世纪 70 年代开始在我国推广。挤压膨化机是挤压膨化浸出技术的关键设备之一。

国内已研究成功的膨化机为 PHJ100 型高油分油料挤压膨化机，挤压膨化料浸出后菜粕中残油率在 1.5% 以下。其主要由变频喂料机构、预榨挤压膨化部、蒸汽调节机构、电控柜四部分组成，预榨挤压膨化部是设备的核心，主要由喂料调质段、预榨段、膨化段和不同组合的变径、变距绞龙组成。喂料调质段的作用是将物料快速送入，预榨段的作用是对调质后物料进行挤压，膨化段则是膨化预压榨后的物料，可通过调节多孔模板的孔径和数量或者圆锥模套间的间隙来改变预榨膨化机膨化筒的压力，使膨化效果达到最佳。

5. 浸出器

浸出器是浸出法制油的核心设备，工业上按结构形式可分为平转式、履带式、水平栅底框斗式、环形脱链式、水平栅底滑动床式等。平转式浸出器的工作过程为：料胚通过封粕绞龙进入混合绞龙，在混合油的浸泡后，湿粕落入浸出器转格，随转格的运转，格内料胚转至喷淋处时接受混合油的喷淋浸出，接着料格接受从下一个混合油格泵出的混合油喷淋，料格继续旋转，格内的料经过 5 次混合油的喷淋浸出，最后一次新鲜溶剂采用间歇大喷淋的方式喷淋浸出。料胚经过 15~25min 的沥干后出粕，进入下一圈运行，形成连续生产。

第八节　甘　薯

一、育苗

选择适合当地土壤、气候特点和栽培目的的甘薯作种薯，播种前每亩栽培地准备好合格薯种 50kg。选择地势高燥、排水良好、背风向阳、土壤疏松肥沃且前两年没有种过甘薯的耕地作为甘薯的育苗地；3 月上中旬将育苗地深耕细耙，亩施1 000kg 腐熟猪粪或腐熟菜饼 50kg+25kg 尿素作种肥，按 1.5m的宽度包沟作畦。3 月中下旬，当夜间最低气温稳定上升到10℃后，用小挖锄配合，将种薯块按照行距 45~50cm、株距

30~33cm 埋入畦内，浇足发苗水，上覆 5~8cm 厚的干细土。一般每亩栽培地需育苗地 58~60m²。

二、施基肥、整地起垄

选择地势高燥平坦、排灌方便、土质肥沃、土层深厚的沙壤土或壤土耕地作为甘薯的栽培地。扦插定植前每亩施入腐熟猪粪 2 000kg、进口三元复合肥（15-15-15）20kg、氯化钾 50kg 作基肥，用耕整机械将栽培地深耕细耙。然后，沙壤土耕地用 25 马力的四轮拖拉机配套 1KQ-30 型甘薯起垄机起垄，壤土耕地用 35 马力的四轮拖拉机配套 1KQ-30 型甘薯起垄机起垄，起垄高度 20~25cm，垄距 75~80cm。

三、扦插定植

5 月上旬至 6 月初可将甘薯苗陆续扦插定植，扦插定植时先从育苗地选择长势健壮的老茎蔓，将老茎蔓按 3 节的长度剪成插条，在晴天的早晚或阴天用小木棍或金属棍配合，将插条按 20~25cm 的株距斜插入栽培垄，插条下部的 2 节插入土壤，上部的 1 节留在地上部，每垄插 1 行，一般每亩扦插 3 600~3 700 株。扦插定植后即浇足定苗水，一般扦插后 5~6d 插条开始发新芽。

四、中耕除草

（一）扦插定植前除草

甘薯苗扦插定植前，每亩用 40%阿特拉津胶悬剂 200mL+50%乙草胺乳油 200mL 兑水 30~40kg 对垄面和垄沟喷雾，进行封闭性除草。

（二）扦插定植后除草

甘薯发新芽后到封垄前应进行 1~2 次人工中耕除草，中耕除草时，要做到深锄沟、浅锄垄，并向垄上适当培土。甘薯发新芽后到封垄前，若杂草较多，可在杂草长到 2~5 叶时，每亩用 5% 精喹禾灵乳油或 12.5% 精吡氟禾草灵乳油 80~100mL 兑水 30~40kg 对垄面和垄沟进行喷雾除草 1 次；此时的化学除草要严禁使用乙草胺、2，4-滴丁酯、丁草胺和含有此 3 种成分的除草剂。

五、追肥

甘薯苗扦插定植后 10d 左右，每亩用尿素 5~6kg 兑水 1 200~1 500kg 浇施提苗。9 月上旬至 10 月上旬在薯块生长膨大期，用 0.3% 磷酸二氢钾溶液进行叶面施肥 2~3 次，每次间隔 10~15d。

六、翻藤

8 月上中旬，当甘薯茎叶封垄时，用木棍或竹棍配合，将整个栽培地的甘薯藤蔓翻动 1 次，以切断藤蔓长入土中的不定根，防止不定根处长出没有食用价值的小薯块而消耗养分。

七、排灌

7—9 月是甘薯生长的关键时期，栽培地的围沟、腰沟、畦沟要长期保持畅通，以确保强降雨时能及时排水。如遇天气长时间干旱要及时用水泵抽水抗旱，抽水抗旱的方法是在早晚凉爽时或阴天将水抽入畦沟，让水慢慢渗入畦内土壤，但不可让水漫过畦面，更不可让栽培地长时间渍水。

八、害虫防治

甘薯的主要害虫为小地老虎、蝼蛄、蛴螬等地下害虫，在发生时，可用 80% 敌百虫可溶性粉剂 40~50 倍液拌炒麦麸或炒菜饼或炒豆饼或碎菜叶制成毒饵诱杀。

九、采收

(一) 机械割藤

10月下旬至11月中旬，薯块成熟时即可陆续采收。在薯块收获前1~2d，用1JQ-150型秸秆还田机对红薯茎叶进行机械割藤、粉碎还田。

(二) 机械挖薯

机械割藤后的沙壤土甘薯地使用25马力的四轮拖拉机配合4KW-1600型块茎挖掘机挖取薯块，壤土甘薯地使用35马力的四轮拖拉机配合4KW-1600型块茎挖掘机挖取薯块；挖取薯块后要及时人工收薯。

主要参考文献

农业农村部农田建设管理司，农业农村部耕地质量监测保护中心，2022. 高标准农田建设技术操作手册［M］. 北京：中国农业出版社.

陶国树，2021. 高标准农田建设工作导则［M］. 郑州：黄河水利出版社.

薛剑，关小克，金凯，2021. 新时期高标准农田建设的理论方法与实践［M］. 北京：中国农业出版社.

职业技能培训教材

◎ 王雪生　吕　俊　主编

电 工

中国农业科学技术出版社